"十二五"国家重点图书出版规划项目
世界兽医经典著作译丛

小动物外科系列 ❺

SMALL ANIMAL BANDAGING,CASTING AND SPLINTING TECHNIQUES

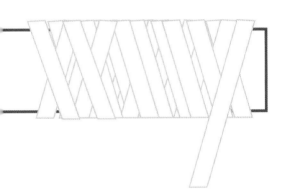

小动物绷带包扎、铸件与夹板技术

[美] Steven F. Swaim   Walter C. Renberg   Kathy M. Shike   编著

田　萌　袁占奎　主译

中国农业出版社

Small Animal Bandaging, Casting, and Splinting Techniques

By Steven F. Swaim, Walter C. Renberg, and Kathy M. Shike

ISBN: 978-0-8138-1962-4

北京市版权局著作权合同登记号：图字01-2014-0701号

图书在版编目（CIP）数据

小动物绷带包扎、铸件与夹板技术 ／（美）斯威姆（Swaim, S. F.），（美）瑞恩伯格（Renberg, W. C.），（美）士克（Shike, K. M.）编著；田萌，袁占奎译. —北京：中国农业出版社，2014. 5（2018. 12重印）
（世界兽医经典著作译丛）
ISBN 978-7-109-18548-7

Ⅰ. ① 小… Ⅱ. ① 斯… ② 瑞 … ③ 士 … ④ 田…⑤ 袁 … Ⅲ. ① 动物疾病—外科手术 Ⅳ. ①S857. 12

中国版本图书馆CIP数据核字（2013）第261372号

中国农业出版社出版
（北京市朝阳区农展馆北路2号）
（邮政编码100125）
责任编辑　邱利伟　黄向阳

北京通州皇家印刷厂印刷　新华书店北京发行所发行
2014年5月第1版　2018年12月北京第2次印刷

开本：889mm×1194mm　1/16　印张：7.75
字数：150千字
定价：90.00元
（凡本版图书出现印刷、装订错误，请向出版社发行部调换）

献　词

献给兽医、兽医技术员、住院医生、实习医生、兽医学生，尤其是将从本书受益的动物。

兽医伤口管理协会（Veterinary Wound Management Society）的使命
"提升动物伤口管理的艺术和科学，从而使该领域更加卓越。"

《世界兽医经典著作译丛》总序

引进翻译一套经典兽医著作是很多兽医工作者的一个长期愿望。我们倡导、发起这项工作的目的很简单，也很明确，概括起来主要有三点：一是促进兽医基础教育；二是推动兽医科学研究；三是加快兽医人才培养。对这项工作的热情和动力，我想这套译丛的很多组织者和参与者与我一样，来源于"见贤思齐"。正因为了解我们在一些兽医学科、工作领域尚存在不足，所以希望多做些基础工作，促进国内兽医工作与国际兽医发展保持同步。

回顾近年来我国的兽医工作，我们取得了很多成绩。但是，对照国际相关规则标准，与很多国家相比，我国兽医事业发展水平仍然不高，需要我们博采众长、学习借鉴，积极引进、消化吸收世界兽医发展文明成果，加强基础教育、科学技术研究，进一步提高保障养殖业健康发展、保障动物卫生和兽医公共卫生安全的能力和水平。为此，农业部兽医局着眼长远、统筹规划，委托中国农业出版社组织相关专家，本着"权威、经典、系统、适用"的原则，从世界范围遴选出兽医领域优秀教科书、工具书和参考书50余部，集合形成《世界兽医经典著作译丛》，以期为我国兽医学科发展、技术进步和产业升级提供技术支撑和智力支持。

我们深知，优秀的兽医科技、学术专著需要智慧积淀和时间积累，需要实践检验和读者认可，也需要具有稳定性和连续性。为了在浩如烟海、林林总总的著作中选择出真正的经典，我们在设计《世界兽医经典著作译丛》过程中，广泛征求、听取行业专家和读者意见，从促进兽医学科发展、提高兽医服务水平的需要出发，对书目进行了严格挑选。总的来看，所选书目除了涵盖基础兽医学、预防兽医学、临床兽医学等领域以外，还包括动物福利等当前国际热点问题，基本囊括了国外兽医著作的精华。

目前，《世界兽医经典著作译丛》已被列入"十二五"国家重点图书出版规划项目，成为我国文化出版领域的重点工程。为高质量完成翻译和出版工作，我们专门组织成立了高规格的译审委员会，协调组织翻译出版工作。每部专著的翻译工作都由兽医各学科的权威专家、学者担纲，翻译稿件需经翻译质量委员会审查合格后才能定稿付梓。尽管如此，由于很多书籍涉及的知识点多、面广，难免存在理解不透彻、翻译不准确的问题。对此，译者和审校人员真诚希望广大读者予以批评指正。

我们真诚地希望这套丛书能够成为兽医科技文化建设的一个重要载体，成为兽医领域和相关行业广大学生及从业人员的有益工具，为推动兽医教育发展、技术进步和兽医人才培养发挥积极、长远的作用。

农业部兽医局局长
《世界兽医经典著作译丛》主任委员

序 言

绷带包扎的使用是小动物门诊的日常工作之一。由于兽医病例体型、形态、损伤类型和部位的差异、活动性以及希望（或不希望）将包扎保持在原位等因素，这使该技术变得具有挑战性。成功的包扎既是艺术，也是科学。艺术——跳出固有思维，创造性地保护损伤，甚至在很棘手的部位；科学——选择对伤口愈合的生物学有益的包扎材料，并采用合规的物理原理。本书成功地将两者结合在了一起。

就如在本书第一章中所述，在使用和改良包扎时，合理的临床判断非常重要。本书作者在管理兽医患者的伤口上具有丰富的专业知识，并为这些技术的研究做出了主要贡献。的确，Dr. Steven F. Swaim这个名字也就等同于兽医学中的伤口管理，他在该领域渊博的学识和研究直接推动了该学科的发展，他对教学的热情使得他成功教授了无数的兽医专业人员。Dr. Walter C. Renberg是一名兽医外科医生和教师，具有广泛的临床和研究经验，他将其在骨科损伤和生物力学方面的专业知识用于研究包扎。Ms. Kathy M. Shike作为小动物外科技术员和兽医学生的指导教师，拥有丰富的包扎操作经验，并为这个领域中的许多研究项目做出了贡献。作者们的临床和研究经验在本书中以格式化呈现，读者可以根据这些信息为他们的患病动物做出合理的包扎计划。

将包扎技术按步骤和插图形式进行说明是本书的独特形式，这为读者提供了非常生动而实用的指导。特别是在适应证、后期护理、安全地拆除或更换绷带及每种包扎类型的潜在并发症方面进行了细节性说明。本书还因作者丰富的个人经验组成的大量小提示和关键点而更加具有临床实用性。在整个正文中，着重于患病动物的舒适度以及包扎类型的选择，这对于每个患病动物来说都能促进其愈合。

作为兽医伤口管理协会（Veterinary Wound Management Society，VWMS）当前的理事长，我想说VWMS高度认可《小动物绷带包扎、铸件和夹板技术》这本书。作者们将包扎的艺术性与科学性巧妙地整合为非常适合临床使用的教材。本书将会成为临床工作人员和将要从事兽医行业的实习生经常使用并且最受欢迎的资源。

Bonnie Grambow Campbell

DVM，PhD，Diplomate ACVS

美国兽医伤口管理协会理事长

华盛顿州立大学小动物外科临床副教授

致　谢

感谢Dave Adams和Chris Barker将他们拍摄的照片用于本书中。感谢Barbara Webster所做的文字处理，感谢Brooke Grieger为本书所做的插图。

目录

1 绷带包扎、铸件及夹板固定基础

Basics of Bandaging, Casting, and Splinting

绷带包扎

绷带包扎的目的和功能

绷带包扎在伤口管理中具有很多功能（表1.1）。一般来说，绷带包扎为伤口提供了能够促进其愈合的环境。

表1.1　包扎的特性

- 式样美观
- 保护伤口，防止环境污染
- 防止患病动物的干扰
- 防止因干燥造成的组织损伤
- 提供湿润的环境以促进愈合
- 保持热量，并创造一个可以使氧解离入组织中的酸性环境
- 减轻疼痛
- 固定伤口边缘
- 提供压力以闭合死腔，并减少水肿和出血
- 用于局部药物治疗
- 吸附渗出液
- 对伤口进行清创
- 有助于稳定并发的骨科损伤

资料来源：Williams, John, and Moores, Allison. 2009. *BSAVA Manual of Canine and FelineWound Management and Reconstruction* , 2nd ed., pp. 37 – 53. Quedgeley, Gloucester,England: British Small Animal Veterinary Association.

Hedlund, Cheryl S. 2007.Surgery of the integumentary system. In *Small Animal Surgery* ,3rd ed., pp. 159 – 259. St. Louis, MO: Mosby, Elsevier.

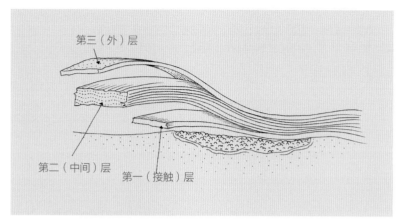

图1.1　绷带包扎的三层：第一层为接触层，第二层为中间层，第三层为外层。

绷带包扎的组成

绷带包扎分为三部分或三层。它们是第一、第二及第三绷带层（图1.1）。

第一层——接触层

第一层也叫做接触层。这层直接与伤口接触。根据愈合的阶段，这层可用于对组织进行清创、吸附渗出液、提供药物治疗，或在伤口上形成密闭的密封层。第一层不仅仅只是遮盖伤口，还在提供促进愈合的伤口环境中扮演着至关重要的角色。第一层伤口敷料材料的特性有很多，为伤口选择适合当期伤口愈合阶段的第一层敷料，并根据愈合过程更换敷料类型非常重要。密闭性及吸附性是接触层敷料的重要特征。

高吸附性敷料

高吸附性敷料可用于治疗严重污染或感染、具有异物碎片和/或产生大量渗出液的伤口。这些伤口一般处在伤口愈合炎症早期。一旦伤口进入了炎症后期或早期修复期，选择其他类型的敷料将会促进愈合过程的进一步发展，如保湿型敷料。

纱布敷料　纱布敷料用于湿—干及干—干包扎。这些包扎方法是包扎中较老的技术，在伤口管理早期用于清洁含渗出液及坏死组织的伤口。例如，对于一个需要每天多次更换吸附性绷带的高产出性伤口，干纱布可能是最经济的第一层敷料。但是，在3～5天后，则需要采用能够促进伤口修复的接触层敷料，如藻酸钙、水凝胶或泡沫敷料。

把用作湿—干敷料的宽网状纱布用灭菌生理盐水、乳酸林格液或0.05%醋酸氯己定溶液湿润，将其放置在具有黏性渗出液或坏死组织的伤口上。渗出液被稀释并被吸入第二包扎层中。伴随着液体蒸发，绷带干燥并黏附在伤口上。当取下敷料时，黏附的坏死组织也被移除。取下时通常伴随疼痛。因此，用不含肾上腺素的温2%利多卡因湿润纱布能够使其被取下时动物更舒适。在猫，应使用温生理盐水湿润纱布。

对于干—干敷料，干纱布被放在低黏性渗出的伤口上。渗出液被吸附并从绷带内蒸发，使敷料黏附在伤口上。在取下敷料时移除坏死组织。用温的2%利多卡因湿润纱布能使取下纱布时动物更舒适。在猫使用温生理盐水湿润纱布。

这种纱布敷料有很多缺点：① 在更换敷料时，健康和非健康的组织均被清除。② 干燥环境对愈合中所包含的细胞和蛋白酶的功能无益。③ 使用湿敷料时，外源性细菌因毛细作用进入伤口内的危险更大，并且如果敷料一直保持湿润，那么可能出现组织浸解。④ 在更换包扎时，干纱布能够将细菌散布到空气中。⑤ 纱布纤维会一直黏附在伤口上，引起炎症。⑥ 使用及取下黏附性敷料时更疼痛。⑦ 敷料移除伤口内液体时也去除了理想愈合所需的细胞因子及生长因子。

高渗盐水敷料　这种敷料对于感染或坏死、需要积极清创的严重渗出性伤口来说是很好的选择。其内所含的20%氯化钠使它们具有了从伤口内吸引液体的渗透作用，能够减轻水肿并因此增强循环。渗透作用还能使组织和细菌干燥。这种敷料需要每1~2天更换一次，直至坏死和感染得到控制。这种渗透性敷料的清创是非选择性的，在更换敷料时健康和坏死组织都会被去除。这种敷料用于伤口治疗早期，以将坏死脱落的伤口转变为含适度渗出液的肉芽伤口。此时，第一层敷料应被更换为藻酸钙、水凝胶或泡沫敷料。

藻酸钙敷料　这种亲水性敷料适用于中度至高度渗出性伤口，也就是说，处在愈合炎症期的伤口。但是，不推荐用其覆盖暴露的骨骼、肌肉、腱和干燥的坏死组织。它们既不能用于干燥的伤口，也不能用于那些被干燥的坏死组织覆盖的伤口。可获得垫状或绳状商品。藻酸钙来自于海藻，与伤口液体中的钠相互作用而产生藻酸钠胶体，维持湿润的伤口环境。

使用藻酸钙敷料时，应注意伤口组织的水合作用。为了帮助维持湿润的环境，可以用一片透气型聚亚安酯来覆盖敷料。但是，如果敷料内产生的渗出液过多，则可以覆盖吸附性泡沫敷料。由于其吸附性强，随着愈合过程的发展，它会使伤口脱水并减少渗出。如果在伤口上放置时间过长，它会脱水并变硬，形成很难移除的藻酸钙结痂。用生理盐水使其再水合形成胶样有助于将其拆除。

这种敷料通过促进自溶性清创及肉芽组织形成来帮助将愈合的炎症期转变为修复期。在渗出液较少的伤口内，可以用生理盐水先湿润敷料以促进肉芽组织形成。这种敷料的其他优点包括止血性及将细菌截留在胶体内，可以在更换敷料时通过灌洗将其从伤口移除。

共聚淀粉敷料　这类高吸附性敷料适用于含中度至高度渗出液的坏死性感染性伤口。如果需要密封来将其固定或适当保持湿润，可以在其外覆盖水胶体敷料。更换敷料时，通过灌洗清除聚合物。

对于使用共聚淀粉进行治疗的伤口，观察渗出液的量非常重要。如果渗出液很少，敷料会黏附到伤口上。这在拆除时会导致组织损伤，如果敷料碎片留在伤口内则会引起炎症。

保湿敷料

保湿敷料（moisture-retentive dressings，MRD）在伤口上提供了一个温暖、湿润的环境，这能够增加愈合的炎症和修复期中细胞的增殖及功能。另外，所保持的液体提供了愈合每个阶段中蛋白酶、蛋白酶抑制剂、生长因子及细胞因子的生理比率。因此，渗出液有益于愈合。应该采取临床判断来决定是否先用一种高吸附性敷料开始治疗，然后再更换为MRD，还是使用MRD开始治疗。一般来说，如果含有大量坏死、异物碎片、感染及渗出液，首先应考虑使用高吸附性敷料。

MRD下的伤口环境在伤口愈合过程中提供了很多有利因素（表1.2）。MRD的缺点是保有的液体会引起浸解（处在湿润中而引起变软）及伤口周围皮肤脱落（因过量蛋白水解酶引起的破坏）。

表1.2　保湿敷料（MRD）*的优点

- 对外源性细菌产生屏蔽作用
- 防止组织干燥
- 提高全身用抗生素的浓度
- 使白细胞停留在伤口内，通过它们的酶活性进行自溶性清创
- 低氧压形成较低pH并抑制细菌生长，适于胶原合成，增加血管生成及吸引白细胞
- 维持支持细胞功能、蛋白酶及生长因子的生理温度
- 放置及拆除时较为舒适
- 防水，可防尿液及其他液体
- 减少绷带的更换及花费
- 减少结痂
- 在更换绷带时几乎不产生细菌雾化

资料来源：Campbell, Bonnie Grambow. 2006. Dressings, bandages, and splints for wound management in dogs and cats. *Veterinary Clinics of North America: Small Animal Practice.* 36(4):759 – 91. Philadelphia: Saunders/Elsevier.

* MRD的这些优点各异。

聚亚安酯泡沫敷料　这是一种柔软、可压缩、非黏附性、高顺应性敷料。它们可通过毛细作用产生高吸附性并设计用于中度至高度渗出的伤口。泡沫敷料维持了湿润的环境并支持自溶性清创。另外，它们可以促进健康的肉芽组织形成并且有报道称其可以促进上皮形成。因此，它们是一种可以用于愈合的炎症及修复期的敷料。另外一种使用泡沫的方法是使用用于伤口的液体药剂将其浸透。

使用了泡沫的绷带更换频率与伤口愈合阶段相关。其范围可至1～7天，当处在管理的早期阶段，伤口产生大量液体时，两次更换的间隔时间较短。

聚亚安酯薄膜敷料　这种薄膜敷料是一种薄的、透明、有弹性、半密闭型（能透过气体但不能透过水或细菌）片。它们的四周具有黏性，可以粘在伤口周围皮肤上，它是透明的，可以看见伤口。它们为非吸附性，应用于没有或仅有极少渗出的伤口。例如，它们适用于干燥的坏死焦痂，或较浅的伤口，如像擦伤那样的部分厚伤口。它们还可以用于处在愈合进一步修复期，需要湿润环境以促进上皮形成的伤口。薄膜的其他使用方法是将其覆盖在其他接触层之上，提供保湿性及抗菌和防水层。

这种薄膜不能被用于有大量渗出液、感染或周围皮肤易碎的伤口。它们既不能用于处在暴露的骨骼、肌肉或腱上的伤口，也不能用于深度烧伤。

在有皮褶或没剃毛的部位，敷料不能黏附得很好。周围皮肤的毛发生长会将敷料粘连的部分从皮肤上推下。但是，在伤口边缘周围使用透气性薄膜喷雾剂能够改善黏附性。

使用这种类型的敷料时，积聚在敷料下方的不透明白色至黄色渗出液不应被认为是感染。这只是伤口表面的渗出液。感染时会出现热、肿胀、疼痛及周围组织充血。

水凝胶敷料 水凝胶是一种富含水分的胶状敷料，被制成片状或无定形水凝胶。某些水凝胶包含其他有益于伤口愈合的药物，如醋孟南（acemannan），一种伤口愈合刺激剂，及甲硝唑或磺胺嘧啶银、抗生素。

由于为伤口提供了湿度，水凝胶可用于具有焦痂或干燥脱落组织的伤口，从而再水合组织。为了确保伤口湿度转移到组织内而不是第二包扎层，可以使用非黏附性半密闭型敷料或透气型聚亚安酯泡沫覆盖水凝胶。有些水凝胶还具有不透性覆盖层。与向伤口内提供液体相反，某些水凝胶能够吸附大量液体，并可被用于渗出性伤口。这些敷料还可用于坏死的伤口，以提供能够促进自溶性清创的湿润环境，并帮助肉芽组织形成。

在非感染性全层伤口，一般每3天更换一次敷料。但是，如果水凝胶含有伤口愈合刺激剂或使用了抗生素，需要每天更换，以维持其在伤口内的活性。对于有少量渗出液的擦伤，水凝胶可以每4～7天更换一次。在更换敷料时，使用生理盐水轻轻地将水凝胶从伤口内冲洗掉。

水胶体敷料 水胶体敷料能够与伤口的液体相互作用形成胶体，从而具有吸附性及弹性。有些敷料具有用于接触伤口的水胶体黏附层和密闭型聚亚安酯膜外层。水胶体黏附于伤口周围皮肤，伤口表面的敷料与伤口的液体相互作用而产生密闭凝胶。这种凝胶有轻微的臭味及黄色脓样外观。不过，不应将其当作感染。感染的伤口会表现为发热、肿胀、疼痛和伤口及伤口周围组织充血。这种胶通常比仅有渗出液或水凝胶敷料形成的胶韧性更强。

虽然这种敷料可变为像颗粒或粉末样的糊状，但其通常作为片状使用，能够提供一种不能透过液体、气体及细菌的温热的孤立湿润环境。

水胶体能用于具有清洁或坏死基部的部分或全层伤口，包括压伤、轻度烧伤、擦伤或移植供皮处。它们可用于愈合的炎症及修复期。在愈合的炎症期，它们可以促进自溶性清创。在愈合的修复期，它们可以刺激肉芽组织、胶原形成以及上皮形成。但是，它们黏附在伤口周围皮肤上会延迟伤口收缩。这种敷料不能用于严重感染的伤口或产生大量渗出液的伤口。大量渗出液会导致浸解及伤口周围皮肤脱落。

使用时要对伤口周围的皮肤剃毛。将敷料垫放在两手间使其变暖，然后裁剪成约比伤口大2厘米。取下背面后，将其放在伤口上。敷料黏胶样的自然特性会使其粘在伤口周围皮肤上。在2～3天后，应在感觉伤口上好像出现了充满液体的水泡以及在下层胶从周边泄漏之前更换敷料。拆除敷料后，可以通过对伤口及伤口周围组织进行灌洗或轻轻擦掉来清除胶体。当伤口完全上皮化后，应停止使用敷料。

非黏附性半密闭型敷料 这种敷料具有低吸附能力。它们多孔，并允许液体穿过它们进入可蒸发的第二绷带层。这些多孔结构也可以使外源性细菌穿透进入伤口。

这种敷料可以是浸透了凡士林的宽网状纱布，也可以是内部包裹吸附性材料后打孔的非黏附性材料。虽然它们可被分类为非黏附性，实际上其具有低黏附性。使用浸润了凡士林的纱布时，肉芽组织或上皮能够生长到网孔内，因此黏附在伤口上，在拆除时导致组织破坏。使用多孔非黏附性材料时，当伤口干燥以及渗出液在孔内干燥时，敷料垫会黏附在伤口上。如果孔足够大，肉芽组织和上皮也可以进入孔内。

如果将浸润了凡士林的纱布用在愈合的修复期，应将其用在早期修复期，并且应更换得足够频繁，使肉芽组织无法生长到网孔内。由于凡士林会干扰上皮再生，早期应用会防止其对上皮的干扰。当上皮再生开始后，应使用含吸附性填充物的多孔非黏附性材料。

如果使用含吸附性填充物的多孔非黏附性材料，它的目的是使伤口上保持一定的湿润度，以促进上皮再生，并允许过量的液体被吸附入第二层内。应将其用于含低到中度渗出液的浅层伤口。当渗出量很少时，它们常用于修复期的后期。它们也是缝合的伤口良好的第一层敷料。

抗菌敷料

抗菌制剂如碘、银、聚六亚甲基双胍盐酸盐、活性炭及抗生素被包含在敷料内。这种敷料适用于治疗感染的伤口或有感染风险的伤口。敷料无法保湿。因此，在外面覆盖聚亚安酯膜敷料可以防止其干燥。

含卡地姆碘的敷料将碘释放到伤口内，并且对伤口内细胞无副作用。碘缓慢释放的设计目的是将适当的碘活性水平维持约48小时。

敷料中的银离子具有广谱抗菌作用，并且可以有效抑制其他耐抗生素生物体，包括某些霉菌。这些敷料有多种形式，包括纱布、纱布卷、低黏附性、水凝胶、水胶体及藻酸盐敷料。

聚六亚甲基双胍盐酸盐（polyhexamethylene biguanide，PHMB）是一种与氯己定相关的防腐剂。将其用在纱布海绵及纱布卷内作为抗菌敷料。它能够杀菌，同时细菌不能对这种广谱化合物产生耐药性。它能够与组织共存，并且不会对伤口愈合造成任何显著的影响。PHMB具有长期抗菌效果，它能够防止来自于污染环境中的细菌到达伤口，并阻止由绷带的孔进入的外源性细菌。

活性炭敷料提供了湿润的伤口环境。它们还能吸附细菌，防止肉芽组织生长过盛，并减少伤口的臭味。

含I型牛胶原的庆大霉素胶原海绵在放置处提供了较高抗生素水平，同时血清内保持了低毒性水平。据报道这种敷料还具有止血效果。

细胞外基质生物支架敷料

细胞外基质敷料（extracellular matrix dressings，ECM）是一种含三维超微结构的非细胞性生物可降解片。它们来自于猪小肠黏膜或猪膀胱黏膜基质。敷料内含结构蛋白、生长因子、细胞因子及其抑制剂。在它们存在于伤口的第一个两周内，支架发生降解，降解产物对修复细胞具有趋化作用。修复细胞作为干细胞进入伤口，并留下位点专一性基质。换句话说，如果敷料放置在皮肤伤口上，基质就会类似于皮肤/真皮。经过30～90天，全部生物支架通过位点专一性组织进行了重置。

ECM的使用方法是独特的。伤口必须彻底清创，且没有局部药物、清洁剂及渗出液。应消除或良好地控制感染。敷料片被裁剪为比伤口稍大一些，用生理盐水进行再水合，塞入伤口边缘的皮肤下方，并缝合固定。如果预计进行引流，可对其进行开窗。在ECM外放置非黏附性或保湿敷料。在3～4天后第一次更换包扎时，除了ECM外所有的包扎都要更换。它会呈现退化的黄色至棕色外观。第二片敷料放在这片退化的敷料上，而不要将其取下。重新进行外层包扎，等到4～7天后再次更换敷料。在使用ECM敷料2～3次后，不用再增加新的敷料。典型情况下，肉芽组织床与位点专一性基质共存，这会使伤口愈合的组织与周围部位的组织相同。在愈合过程中，继续进行伤口管理，同时对含肉芽的伤口使用合适的包扎。

第二层——中间层

第二层绷带包扎层的主要功能是吸附。因此，应具有良好的毛细特性，以便吸附来自于伤口的血液、血清、渗出液、碎片、细菌及酶。第二层的其他功能是作为垫料保护伤口不受损伤、防止移动以及使第一层紧贴伤口。

可作为第二层使用的材料包括特殊的疏松编织型吸附性包裹材料、外固定垫和吸附性棉花卷。一位作者（SFS）很喜欢使用这些材料中的第一种作为包扎伤口的第二层。后两者的优点是由于其在撕裂时处于低度伸展，因此很难将它们弄得太紧。但是，它们也有缺点，那就是如果接触到伤口表面，它们会黏在伤口上，同时在拆除包扎时不容易被发现。这会在伤口表面留下异物。自黏型纱布卷或管状纱布可以放置在第二包裹层上，作为中间层的一部分来提供支持和硬度。

包扎这层时，缠绕方式为每层间重叠50%。当包裹四肢时，应由远端至近端进行缠绕。第二层应提供足够的压力来固定与伤口接触的第一层，并使其与第一层间保持良好的接触。不过，应避免在包扎这层时压力过度，因为这会破坏吸附性、血液供应及伤口收缩。

在严重引流的伤口，应频繁（至少每天）更换绷带，来清除已经吸附入第二层内的渗出液。应在已经吸附进第二层内的渗出液进入第三层前更换绷带。这会导致外源性细菌通过毛细作用从外部进入伤口内。为了帮助防止这种潜在的伤口污染，可将抗菌纱布卷作为第二层使用。当仅有微量液体被吸附入第二层后（例如，使用MRD或当愈合进一步发展），第二层包扎就不用经常更换了。

第三层——外层

这层的主要功能是固定其他包扎层，并保护其不被外界污染。这层所使用的材料为多孔外科黏性胶带、密闭型防水胶带（如布基胶带）、弹性黏性或自黏性材料以及松紧织物。在包扎这层时，应注意一些因素。

首先，第三层应处在适当张力下。它应固定接触伤口的第一层以及接触第一层的第二层。

其次，应注意不要包扎得过紧。这会限制第二层的吸附性。另外，头部和四肢包扎过紧会分别导致呼吸及循环问题。为了帮助预防这些问题，一位作者（SFS）在包扎时先将多孔外科黏性胶带及密闭型防水胶带撕成条，而不是直接将胶带缠在绷带上。每条与之前的条重叠1/3～1/2。在使用弹性胶带时，将胶带从胶带卷上取下。为了降低包扎过紧的危险，在将胶带从胶带卷上拉下时，用一只手紧贴绷带对胶带进行固定。另一种黏胶带的方法是使胶带上的织纹发生变形，但仍然可见。

最后，应记住的是这层的密闭性。多孔胶带可以使液体蒸发并促进干燥，这会阻止细菌生长。但是，如果这层变湿，细菌可以通过毛细作用进入伤口。当使用密闭型防水胶带时，它可以保护下层绷带免受外源性液体影响，但是这可能会导致过度湿润，并且需要更频繁地更换绷带。这种情况特别容易出现在足绷带上，爪部的汗与伤口渗出液导致潮湿过度。还要记住任何进入防水胶带覆盖的绷带内的液体都会被保留在绷带内。

也有其他保护方式能够固定绷带，并保护它们。这包括预制敷料固定器，这是一种能够透气的，具有Velcro搭扣的无纺布聚丙烯织物。它们可清洗、可重复使用并且不可压缩。它们可制成不同尺寸，用于肘部、臀部、肩部、头部、腹部、胸部及腿部。莱卡紧身裤提供了能够覆盖在胸部、腹部及四肢包扎上的可透气性绷带。

绷带包扎、铸件及夹板固定时的特殊注意事项

更换频率

绷带包扎后，更换绷带的频率根据伤口愈合的发展而降低。在愈合早期阶段，当渗出液产生量最大时，对伤口的检查非常重要，必须防止渗出液穿透绷带，需要频繁更换绷带。但是，使用MRD时，它支持自溶性清创，绷带的保留时间可延长到3天。反之，具有高吸附能力的敷料（如，纱布）可能需要每天进行更换，并且可能需要更频繁，这要根据渗出液的量。

一旦出现健康的肉芽组织床，同时渗出水平降低，更换绷带的时间间隔可以延长。使用非黏附性半密闭型敷料时，更换时间可延长至3~4天。对于某些其他类型的MRD，更换时间可延长至5~7天。

有时，需要在计划外更换绷带、铸件或夹板。这包括发生了滑脱、液体透过、潮湿、外源性污染以及绷带、铸件或夹板遭到破坏。臭味、肿胀或绷带附近组织温度降低（如，四肢/爪部包扎时露出的趾）以及持续舔咬绷带、铸件或夹板时，也需要进行更换。

牢固度

如果要使绷带、铸件或夹板起作用，必须将其固定。由于动物体型的差别很大（例如，吉娃娃与大丹犬），以及不同动物对绷带、铸件或夹板的耐受性各有不同，所以牢固度极具挑战。在以下几章中，绷带包扎、铸件及夹板的使用也包含了能够确认这些操作的牢固性的技术。根据以上提到的不同，兽医或兽医技术员需要偶尔改变技术，并且联合应用某些制动方法以保持牢固的绷带包扎、铸件或夹板。但是，如果进行修改，需要记住一句话："首先，要无害。"使用绷带包扎、铸件及夹板时，充分的临床判断非常重要。

减压

防止因绷带包扎、铸件及夹板带来的压力从两点上来讲非常重要。首先，应防止因绷带包扎、铸件或夹板放置过紧造成的压力性损伤。这对于四肢及头部，特别是使用弹性胶带时尤为重要。有助于防止这些压力的技术将在本书的章节中进行描述（见第1章中绷带包扎，绷带包扎的组成，以及第三层——外层；全部第2章；第4章中，基础爪部和肢端包扎）。

第二个重要的因素是减轻压力能够防止突起处因绷带包扎、铸件或夹板造成的局部压迫性伤口以及防止爪垫伤口受压。防止这些伤口的技术在本书的章节中进行了描述（见第4章，前肢绷带包扎、铸件及夹板；基础软垫腿部绷带包扎；基础爪部和肢端包扎；爪垫减压；腕部悬带；人字形绷带和外侧夹

板；铝条圈肘部夹板；以及90/90悬带）。

关节制动

关节外的伤口会由于关节的移动对伤口愈合造成影响。因此，理想的愈合需要关节制动。可使用绷带、铸件或夹板制动。

在关节伸展面处的伤口因关节屈曲而使伤口边缘发生分离（图1.2）。对于一个缝合的伤口，关节屈曲造成的张力会导致缝线被拉出组织。因此，适宜对伤口进行制动。

对于处在关节屈曲面大的开放性伤口，开放的伤口愈合会导致在伤口收缩末期形成伤口挛缩畸形，它使关节被拉向屈曲方向而不能伸展（图1.3）。以伸展位制动关节有助于防止这种畸形。伤口愈合主要通过上皮再生，并可能需要皮肤移植或皮瓣作为更持久的覆盖，但能够避免收缩畸形。

长期关节制动会导致废用性萎缩、关节僵硬、压迫性伤口及软骨退化。在更换包扎时，医生不应只

图1.2 因屈曲造成的伤口破坏。（A）位于腕关节伸展面的伤口。（B）腕关节屈曲导致伤口边缘分离（箭头）。

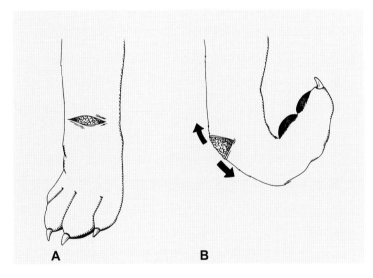

图1.3 开放性伤口愈合造成的伤口挛缩。（A）跗关节屈曲面的大伤口。（B）伴有伤口收缩的开放性伤口愈合，导致伤口挛缩性畸形，并限制跗关节伸展。

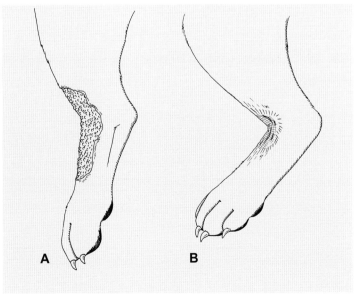

关心伤口，还应评价关节问题。

浸解及脱落

浸解主要由于伤口周围皮肤过度水合。它是因伤口渗出液长期接触皮肤造成的。这也损伤了皮肤的屏障功能。

脱落是一种因慢性伤口的渗出液中所含的高水平基质金属蛋白酶造成的皮肤擦伤。这同样会损害皮肤的屏障功能。

选择接触包扎层时，要选择适合伤口渗出量的接触层。此时，不应将大量渗出液保持在伤口上以引起浸解和脱落。为了帮助预防使用MRD时产生的浸解和脱落，敷料可剪裁成伤口的尺寸和形状，这样就不会重叠在健康的周围皮肤上。

更换包扎时需要镇定或麻醉

在更换包扎时，有很多种减轻疼痛和不适的方法。使用非黏附性MRD进行自溶性清创比使用黏附性湿—干及干—干敷料进行机械性清创的疼痛感更小。不过，如果使用后者，在取下前，可使用温的2%利多卡因将最后一层接触伤口的纱布湿润几分钟以提供舒适感。在猫使用温生理盐水达到此目的。为了从皮肤上拆除黏性胶带，拆除时应顺着毛发生长的方向，同时用一只手在皮肤上提供反向牵引。乙醇或商品化除胶剂也可用于降低黏性。为了防止从皮肤上拆除胶带时剥落表皮，在使用胶带前可先在皮肤上使用六甲基氧二硅烷溶液。

对于某些动物，更换包扎时可能需要镇定，尤其是在伤口管理早期进行阶段性清创及灌洗时。虽然镇定会产生额外的花费及风险，但动物更容易处理，伤口管理可以完成得更好，也能够降低动物和全体人员的应激。进行侵袭性手术清创及当伤口疼痛或更换绷带的动物非常有攻击性，可能需要全身麻醉。

铸件及夹板

基本信息

铸件和夹板需要的许多材料及包扎层与其他类型包扎中所用的相同，仅有少量例外。通常，铸件垫、纱布及不同的外层在每种铸件及夹板固定操作中都提供了同样的目的和使用方法。由于铸件及夹板可能需要长期放置，并且由于它们不可弯曲，防止压迫性损伤很关键。但是，密切注意避免皱褶、压迫解剖突出处，以及铸件和夹板内发生移动也很重要。

铸件和夹板的目的和功能

除了其他绷带，用于制作铸件或夹板的材料是那些能够提供一定程度硬度的材料。其目的应当是稳定骨折，使骨断端愈合或仅仅使动物觉得更舒服。夹板和铸件能够保护手术修复或支持软组织损伤。铸件的硬度应超过夹板的硬度，一个完整的铸件比一个被劈开后（"双瓣"）再次使用的铸件提供了更多的支持。通过使用铝制夹板条、商品化塑料和金属夹板、石膏绷带、玻璃纤维绷带或合适尺寸及强度的其他材料，如热塑性塑料，能够达到所需硬度。

材料

夹板条

夹板条很便宜，但是它在腿部的顺应性没有玻璃纤维绷带好。它们需要被剪裁并弯曲成一定形状。需要注意确保切过的断端不会伤到动物。

商品化夹板

商品化塑料及金属夹板可用作多种尺寸及形状。根据患病动物、位置和需要，某些的作用要比其他的好。一般来说，最好在手中存有多种品牌和尺寸，以决定哪种最适用于相应的病例。金属夹板（如，Mason metasplints）可根据需要裁剪来改变样式。在基础包扎后再使用夹板（也就是说，由接触层、铸件垫缠绕的第二层，及纱布层组成的包扎），并用非弹性材料，如多孔黏性胶带固定在四肢上。

塑料夹板材料

热塑性塑料材料可用作铸件夹板。将它们在热水中加热，然后手工塑形以适应需要夹板固定的位置。这种材料也可以在受热的情况下进行剪裁。在冷却后，它们恢复为坚硬状态。

松紧织物

在铸件材料下放置松紧织物并非绝对必要，但在作者看来，这有助于提供一定程度的舒适度。当使用的松紧织物比铸件长时，可以将其往回折叠到铸件上，卷起一小部分铸件边缘上的铸件垫，以创造一个柔软的"缓冲器"，这能够从铸件尖锐的边缘中保护组织。

石膏绷带

石膏绷带可用于制作自制夹板或整个铸件。玻璃纤维绷带比石膏更好，因为其轻便、耐用且防水。不过，石膏很便宜，定形更慢且温度低。当使用玻璃纤维绷带时，应注意避免在操作过程中伸展绷带，因为它会慢慢恢复到原有的长度。作为夹板使用时，这会造成夹板过短。作为铸件使用时，这会导致铸件过紧。

2 头部和耳部绷带包扎

Head and Ear Bandages

紧急耳部绷带包扎

适应证

　　紧急绷带包扎最常用于被荆棘或钩在带钩电线上撕裂耳廓的狩猎/工作犬。出于本能，犬会摇动它们的头来试着使自己摆脱耳部撕裂的刺激。头部的摇动进一步刺激并损伤耳廓，将血溅到犬的周围。紧急耳部包扎适用于将受伤的耳廓固定到犬的头部来防止进一步损伤耳廓，并防止犬将血溅到自己四周。

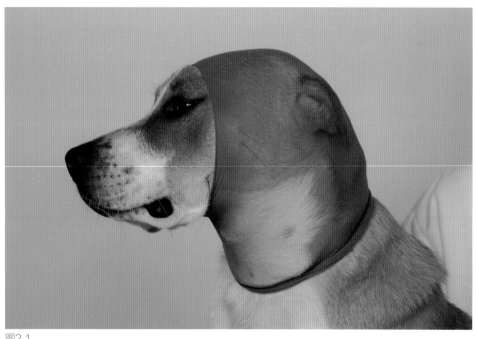

图2.1

技术

● 从一双连裤袜上剪下一段与犬的头部长度接近的筒状袜，这可以作为急救装备与犬一起带到野外，也可以使用一截矫形用松紧织物。

● 当需要使用时，这截连裤袜可以套在犬的头上来使耳部紧贴在头部防止移动（图2.1）。

12

■ 护理

如果犬持续甩头并且连裤袜有向后滑动的趋势，此时需要用胶布环绕连裤袜的前缘将其粘在犬的头上。可以使用一片约5厘米宽的黏性胶带。胶带宽度的一半粘在头部的毛/皮肤上，另一半粘在连裤袜的前缘。

■ 优点和并发症

紧急耳部绷带很小，而且容易带到野外以备急救使用。它能够直接使用并可以在野外迅速应用。它在耳部能够得到更确实的护理前为耳部提供了保护。

基础头部和耳部绷带包扎

■ 适应证

基础头部和耳部绷带包扎适用于保护这些部位的伤口。这包括治疗耳血肿、全耳道切除术、创伤或摘除肿瘤后的伤口。

■ 技术

下面描述的是进行了耳廓手术（例如耳血肿矫正术）及需要在耳道内用药时，对犬进行的头部和耳部绷带包扎。同样的包扎方法也可以用于治疗其他问题，不同的是需要在绷带上剪出耳部用药时所需的孔。

• 使用"马镫"来帮助确保耳廓上胶带的黏性，耳廓的凸面和凹面均应剃毛，刷洗并使其干燥。

•"马镫"放置在耳部的头侧及尾侧缘。用一条5厘米宽，长度足以环绕犬头部的黏性胶带。将胶带沿耳部头侧，平行于耳廓长轴对齐，粘在耳廓的凹面上，使有黏性的那面紧贴耳部。胶带宽度的一半紧贴耳部（图2.2）。

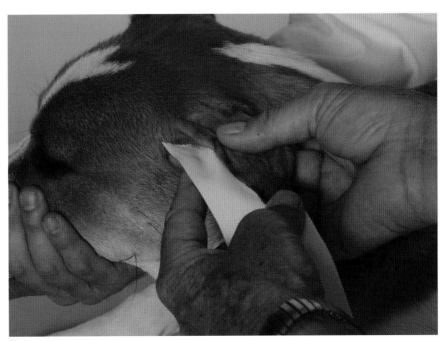

图2.2

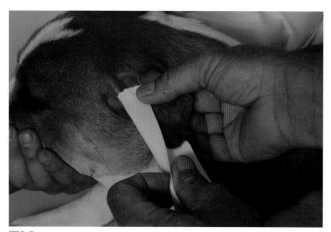

图2.3

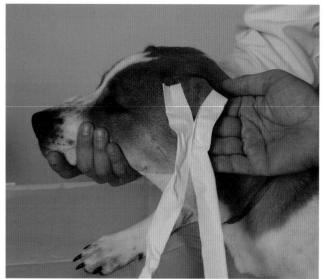

图2.4

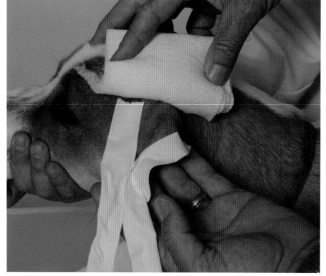

图2.5

- 胶带宽度的另一半折叠到耳部头侧缘的凸面上。此时耳部的头侧缘位于折叠的胶带内，被夹在两层胶带之间（图2.3）。
- 超出耳部远端以外的胶带自行折叠，形成2.5厘米宽的"马镫"。

- 在耳部的尾侧缘重复此操作，以提供两条"马镫"，它们用于将耳部固定到犬的头顶上（图2.4）。

- 将一定量的脱脂棉或厚的铸件垫放在犬靠近耳基部的头顶（图2.5）。

• 用两条"马镫"将耳廓向上拉，折叠
在棉团/垫子上。将"马镫"缠在犬的头上
（弯箭），然后从耳部的前方和后方向上拉，使
其被包住（直箭）。这样使耳道开口开放。如
果进行了耳血肿矫正术，切口应位于"马镫"
在耳廓上的连接处之间（黑线；图2.6）。

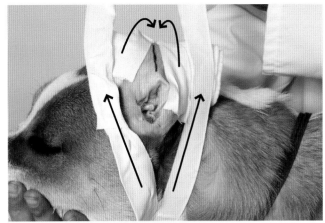

图2.6

• 在切口处放置合适的第一层敷料（d；
图2.7）。

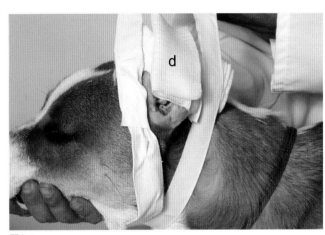

图2.7

• 使用整卷第二层包扎环行缠绕犬的头
部。每次包扎越过耳道开口时，用记号笔标
记开口的位置（图2.8）。

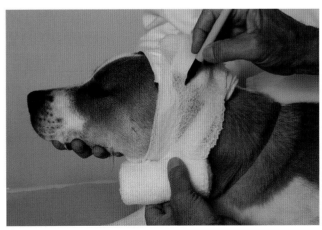

图2.8

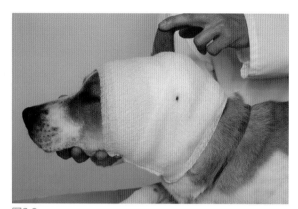

图2.9

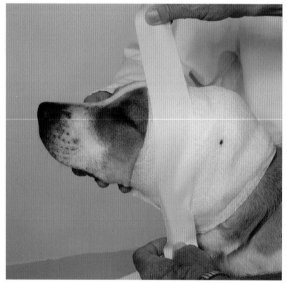

图2.10

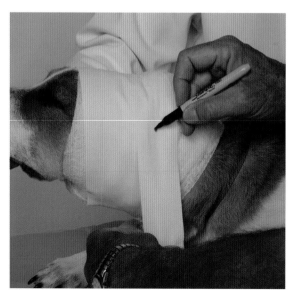

图2.11

- 每次进行第二层缠绕时，交替从对侧耳（未手术的耳朵）的前方及后方绕过。当第二层包扎完成后，耳道的位置（黑点）就被标记出来了，同时对侧耳露在包扎外部（被抬起；图2.9）。

- 先撕下几条5.0厘米宽的黏性胶带，并环绕第二层包扎放置（图2.10），同时当胶带经过耳道开口时，将其位置标记在胶带上（图2.11）。

● 粘贴在包扎前缘的胶带是一条非常重要
的胶带。粘贴时，胶带宽度的一半粘在头部的
毛发/皮肤上，另一半粘在绷带上（图2.12）。

● 同样的一条胶带可以贴在包扎的后
缘，以进一步固定包扎，同时防止其向后滑
动，尤其是大脖子的肥胖犬。

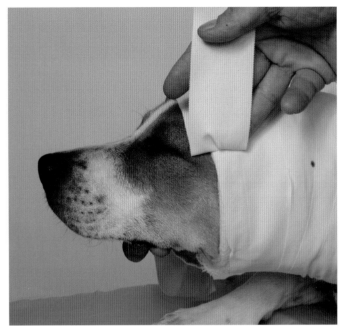

图2.12

● 在粘贴最后一条胶带后，用一只手放
在胶带上约1分钟。犬身体及手的热量有助
于使胶带的黏性材料粘到皮肤/毛发上，使
包扎更牢固（图2.13）。对于小型犬和猫，
外眼角和耳基部间的距离很短。因此，可能
需要使用2.5厘米宽的胶带粘贴在包扎前部。

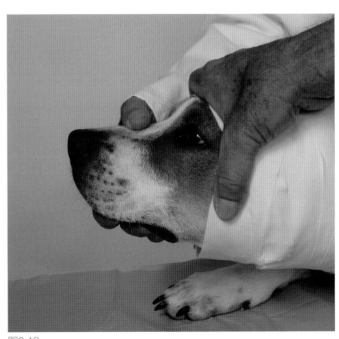

图2.13

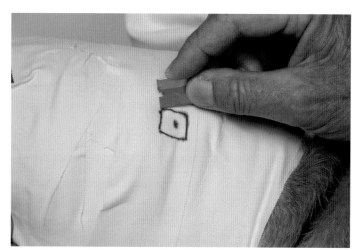

图2.14

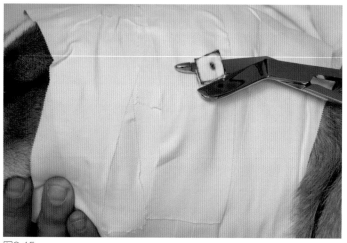

图2.15

图2.16

• 通常围绕着标记的耳道开口位置画一个方形标志。可以使用剃须刀或手术刀片在胶带层上切一个方形，但不要切开下层（图2.14）。

• 用绷带剪剪下方形的胶带和下层的第二层包扎（图2.15）。这样就显露出了耳道开口（图2.16）。

● 方形的每边用一条2.5厘米宽的黏性胶带粘住，以防第二层包扎的线头/碎片进入耳道（图2.17）。当耳道开口外的孔做好后，很明显耳朵被包扎在犬的头顶——在拆除绷带过程中这是很重要的因素。

图2.17

下面描述的是不需要进行耳道内用药的犬的头部和耳部绷带包扎技术。可以将耳部包扎到头顶上，同全耳道切除术中所用的一样，或将耳部向下包在犬头部的旁边，就像包扎犬头顶处的伤口那样。

● 在将耳部包扎到头顶上时，头部及耳部的绷带包扎技术如之前所述，区别是不需要在第二层及第三层包扎上标记耳道开口及剪出相通的孔。

● 在将耳部向下沿头部两侧包扎时，不需要使用"马镫"。需要在耳部的凹面和头侧面之间放置纱布海绵。在头顶部的伤口上使用合适的第一层敷料。如上所述放置第二及第三包扎层。不过，在包扎了这几层后不需要标记耳道开口的位置。

● 在包扎好绷带后，画出耳朵的位置做出标记，无论是位于头顶还是头部两侧都需要标记。画的图上标出"Ear"（图2.18）。如果不是原来进行包扎的人来拆除绷带，标记出的耳部位置有助于防止在拆除绷带时剪到耳朵。

图2.18

■ **护理**

治疗耳血肿的规程和耳部及头部的绷带包扎会有所不同。下面是作者（SFS）使用的方法。最开始的绷带保留7天左右。当需要根据情况治疗外耳炎时，可以通过耳道开口外露在绷带上的孔对耳道进行用药。

　　7天拆除绷带。拆除绷带时要仔细，避免剪到包扎在头顶的耳朵。因此，使用绷带剪拆除绷带时，要从包扎的腹侧剪开（图2.19），剪开时要小心，使"马镫"保持完整（图2.20）。

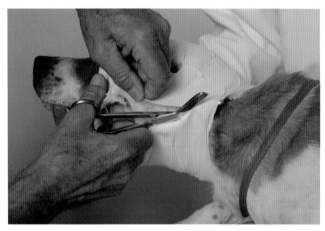 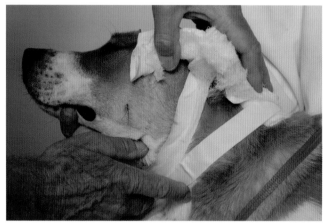

图2.19　耳朵包在犬的头顶时拆除头部绷带。从腹侧剪开绷带，以免剪到耳朵。

图2.20　剪开绷带时，保留将耳部固定在头顶的"马镫"。

　　包扎的第三和第二层以及耳廓手术处的第一层都需要拆除。如果需要，可以将缠绕在犬头上的"马镫"松开。仔细检查棉团或铸件垫及耳部的凹面是否潮湿。重新放置棉团或铸件垫，将"马镫"重新缠绕到头上。在耳廓手术处放置合适的第一层包扎，然后如之前所述重新进行第二及第三层包扎。如果需要，这包括在耳道开口外做孔以方便用药。

　　治疗除耳血肿外的其他疾病时，拆除及重新绷带包扎头部及耳部的方法相同。但是，在重新绷带包扎前需要对头部及耳部的伤口进行适当的治疗。

　　作者（SFS）在头部及耳部包扎时使用的是预先撕开的白色黏性胶带。不过，弹性包扎材料可用作第三包扎层。如果在包扎时动物还处在麻醉及插管状态，很容易发生包扎过紧的危险，尤其是第三层。在拔掉气管插管后，绷紧的绷带会压扁上呼吸道，导致呼吸窘迫。因此，应在拔掉插管后对犬进行密切观察，确定气道没有阻塞，尤其是如果是使用弹性包扎材料作为第三层时。

■ 优点和并发症

　　头部及耳部绷带包扎为头部和耳部的伤口提供了良好的保护。不过，如果绷带的前缘没有很好地粘在头部的毛发上，绷带则会出现滑脱。犬对绷带包扎的第一反应是尝试通过甩头来自行摆脱绷带。当这样做失败后，它会试着用前爪去抓绷带。这样做失败后会致使动物将它的头部在地面/地板上蹭，并试着将绷带向头后方推。如果绷带头侧的那部分胶带没有适当地粘在这部分的毛上，那么绷带很容易被推向尾侧。

3 胸部、腹部及骨盆部绷带包扎

Thoracic, Abdominal, and Pelvic Bandages

胸部、腹部绷带

环绕型胸部、腹部绷带

■ **适应证**

　　胸部和腹部绷带适合用于为胸部和腹部的伤口或胸部和腹部脊柱处上方伤口提供遮盖（图3.1）。这些伤口可以是缝合的伤口或开放的伤口。对于缝合的伤口，绷带为伤口提供了保护，防止其受到污染和来自动物的干扰。当包扎开放性伤口时，绷带不仅仅为伤口提供保护，第一包扎层还可以在伤口愈合过程中提供刺激作用。这些绷带尤其适用于胸部和腹部的大型伤口，如烧伤。

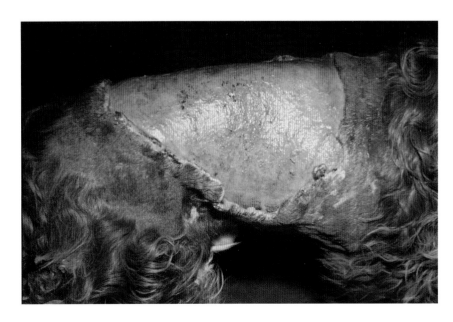

图3.1 举例说明位于胸部、腹部及脊柱背侧的伤口，这适合使用环绕型胸部、腹部绷带。引自Swaim, Steven F., and Henderson, Ralph A., Small Animal Wound Management, 2nd ed., p. 155. (Baltimore: Williams and wilkins, 1997)。

基础胸部和腹部绷带也是铝制夹板条侧吊带的一部分（见第5章中的侧吊带）。在放置两侧的夹板前先进行包扎。因此，当固定延伸出的外侧夹板时，可以将它们粘在绷带上，环绕身体缠绕的胶带就不会粘在躯干的毛上。这使夹板对于犬来说更舒适。

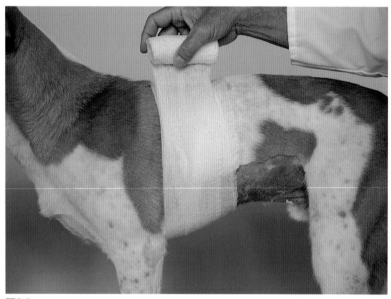

图3.2

■ **技术**

• 当适合使用这种包扎时（即，治疗胸部或腹部伤口时），在伤口上放置合适的第一层绷带。

• 使用吸附性第二层绷带，由胸部开始紧贴前肢后方开始进行缠绕（图3.2）。

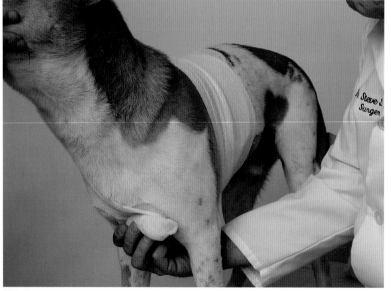

图3.3

• 缠绕数圈后，将绷带轴从两前肢间穿过（图3.3）。

• 缠绕时越过胸部，并向上穿过对侧肩部，然后回到身体绷带的前方（图3.4 [箭头]）。至少这样做两次，使包扎材料形成几层，像皮带那样穿过胸部。

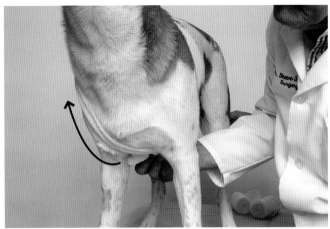

图3.4

• 在对侧重复将绷带缠绕成带状这个步骤。这样会形成两条（A和B）穿过胸部和颈部较低区域的带状绷带，它们的作用是形成肩带，将绷带固定（图3.5）。

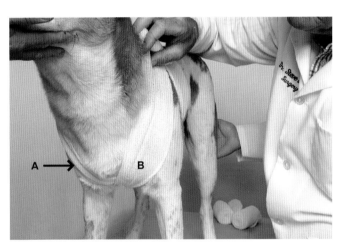

图3.5

• 在放置两条肩带后，第二个绷带卷继续由腹部区域向后缠绕。每次缠绕叠加在前一次宽度的1/2到1/3处。一直缠到后肢前方。对于公犬，只需缠绕到阴茎前方（图3.6）。缠2至3层来覆盖胸部和腹部。

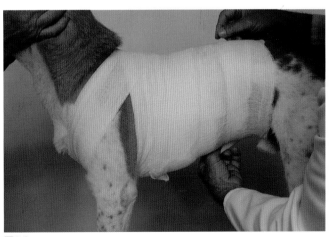

图3.6

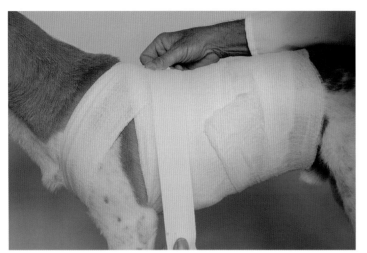

图3.7

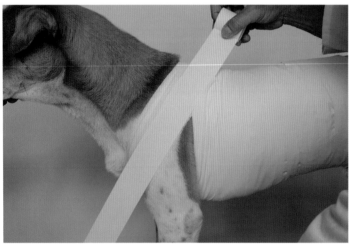

图3.8

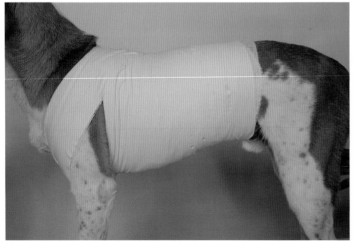

图3.9

- 由前肢后方开始，先将5厘米宽的胶带撕开，环绕胸部覆盖第二层包扎（图3.7）。每条胶带重叠在前一条胶带的1/2到1/3处。另外，这层也可以使用弹性绷带。

- 先将5厘米宽的胶带撕开，粘在穿过胸部和颈后端的两条带状绷带上。胶带应足够长，这样它的末端就可以粘在体绷带上（图3.8）。如果使用弹性绷带作为第三层，通常需要做两条肩带。完成的绷带为胸部或腹部的伤口提供了遮盖，或者成为用来粘贴延伸的侧夹板的绷带面（图3.9）。

- 为了保留绷带材料，可以将伤口上方的绷带剪开进行开窗，并包扎开窗处上方。用胶带将这层绷带固定在体绷带上。因此，在更换绷带时，只需更换覆盖伤口的绷带而不涉及体绷带，除非在某些病例中被弄湿或沾上粪便时才需要更换（见本章骨盆部绷带包扎，开窗型骨盆部绷带包扎）。

■ 护理

如果需要每天更换绷带，通常使用绷带剪剪断两条肩带以及沿躯干长轴方向剪开，然后将绷带拆除。治疗伤口并重新进行包扎。如果进行开窗，可以从开窗处对伤口进行治疗，并在该处重新进行小型包扎。

应观察肘部的头侧面是否受到刺激，这是由两条肩带引起的。如果发现，可以使用一个长纱布，由一侧肩带下方穿至另一侧肩带下方并打结。这样会将肩带拉向一起，使其远离肘前区域。

在公犬，应观察包皮处，检查是否有皮肤刺激，这是由绷带的后缘引起的。

■ 优点及并发症

绷带为胸部和腹部的伤口提供了良好的遮盖或为延伸的侧夹板提供了良好的固定面。肩带提供了固定，并保持绷带不向尾侧滑动。如果使用开窗型绷带包扎，由于仅需更换伤口上方的一部分绷带，可以保留包扎材料。

这种绷带包扎的并发症为肩带和包扎的尾侧缘会分别造成肘部及公犬包皮处的皮肤刺激。

如果使用开窗型绷带包扎，在进行伤口护理时对伤口进行灌洗，环绕开窗处的绷带会变湿并成为细菌生长的源头。因此，在清洁伤口表面时应小心仔细。

开窗型胸部、腹部绷带包扎

■ 适应证

见本章胸部、腹部绷带包扎；环绕胸部、腹部绷带包扎。这种绷带适用于胸部和腹部的较小伤口。

■ 技术

见本章骨盆部绷带包扎，开窗型骨盆部绷带包扎。

■ 护理

见本章骨盆部绷带包扎，开窗型骨盆部绷带包扎。

■ 优点及并发症

见本章骨盆部绷带包扎，开窗型骨盆部绷带包扎。

胸部、腹部打包绷带

■ 适应证

打包绷带可用于保护位于胸部或腹部开放的、缝合的或移植后的伤口。该绷带也能用于骨盆及四肢近端。

■ 技术

在图3.10中，用内含交叉线的梭形代表胸部或腹部伤口。

图3.10

- 围绕伤口，在完整的皮肤上用2-0单股缝线（尼龙或聚丙烯）做几个松线圈（图3.10）。

图3.11

- 在伤口上放置合适的第一层绷带（图3.11）。

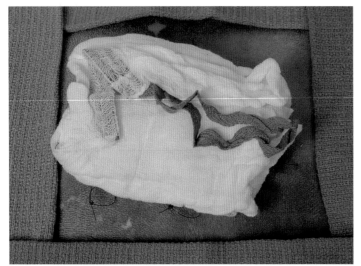

图3.12

- 在第一层上放置第二层吸附性绷带（例如腹部垫）（图3.12）。

- 在线圈间用长的脐带绷带或弹性绷带进行打结，打结的方法不限，最好能将绷带层固定在伤口上方（图3.13）。

图3.13

- 用5厘米宽的胶带重叠覆盖在绷带包扎上，贴在伤口周围皮肤上，作为第三绷带层（图3.14）。绷带上还可以放置其他不透水材料。

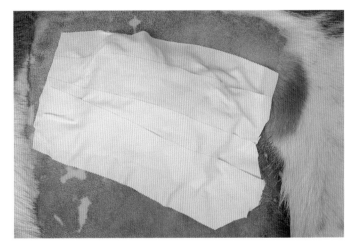

图3.14

■ **护理**

更换绷带的频率由伤口渗出液的量和性质决定。在更换绷带时，将叠加的胶带或不透水材料从绷带上拆除。剪断并拆除脐带绷带或弹性绷带条。不要剪断皮肤上的线圈。

- 拆除第二及第一层绷带材料，之后进行适当的伤口护理。
- 重新在伤口上放置新的第一及第二层绷带材料。
- 将长的脐带绷带或弹性绷带条穿过伤口周围的线圈，然后系紧。
- 在绷带上放置胶带条或不透水材料作为第三层。

■ **优点及并发症**

打包绷带的主要优点是一种经济的包扎形式。打包绷带不需要基础胸部和腹部包扎那样大量的第二和第三层包扎材料。治疗开放性伤口时，系紧脐带绷带或弹性条后产生的向心力可以被看作伤口收缩的支持。

打包绷带的潜在并发症为，如果打包带系得太紧，线圈会勒入皮肤。绷带的第二层可能会发生污染。但是，在绷带上放置胶带或某些类型的防水材料能够降低产生这些并发症的机会。

骨盆部绷带包扎

环绕型骨盆部绷带包扎

■ 适应证

环绕型骨盆部绷带包扎适合用于为骨盆部或位于腰椎尾侧和荐椎处的伤口提供遮盖（图3.15）。这些是缝合的伤口或开放的伤口。绷带为这些部位提供了保护，防止污染和动物对伤口的干扰。当包扎开放性伤口时，第一绷带层也可以在伤口愈合过程中提供刺激作用。这种绷带包扎尤其适用于骨盆或脊柱尾侧的大型伤口，如烧伤。

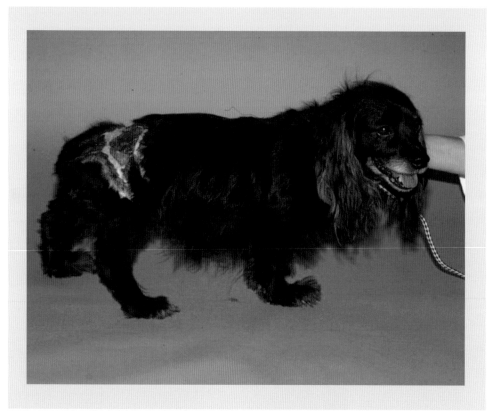

图3.15　位于腰椎尾侧及荐椎处的伤口，适合使用环绕型骨盆部绷带包扎。

■ 技术

• 在伤口上放置合适的第一层包扎材料。

• 使用吸附性第二层绷带材料，环绕腹部数层（图3.16）。在公犬，由包皮前先开始缠绕绷带材料。

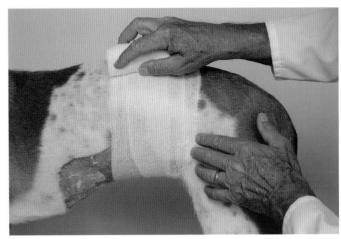

图3.16

• 继续环绕一侧后肢的近端进行缠绕，缠2～3圈（图3.17）。

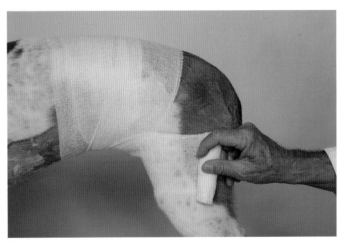

图3.17

• 向回缠绕至包扎的腹部尾侧上方，缠1～2圈。

• 之后向对侧后肢的近端进行缠绕，环形缠2～3层，同第一条腿一样。对于没有去势的公犬，在缠绕后肢近端时避免缠绕包裹阴囊。最后绷带覆盖了腹部、骨盆部及脊柱尾侧，留下了尾部、肛门、阴门或阴囊没有被覆盖（图3.18）。

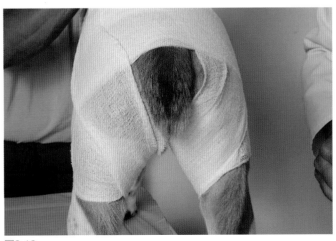

图3.18

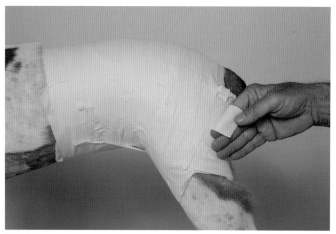

图3.19

图3.20

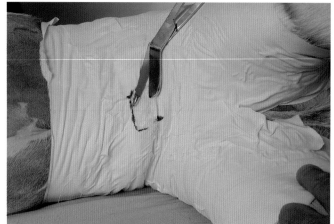

图3.21

- 先将5厘米宽的胶带撕开，粘在腹部及后肢的绷带上作为第三绷带包扎层（图3.19）。另外，这层也可以使用弹性绷带。

- 对于公犬，在包皮末端处进行标记，然后用剃须刀片或手术刀片切开绷带的胶带层（图3.20）。

- 小心地用绷带剪去掉包皮末端上方的第二层绷带材料（图3.21）。

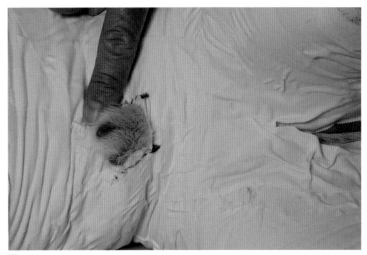

图3.22

- 将包皮头部由所做的孔里拉出。如果需要,可以用刀片和剪刀进一步向头侧扩大开口,避免绷带压迫到包皮的头侧基部(位置已经被指出;图3.22)。最后,采用环绕型骨盆部绷带包扎后可以进行排尿和排便(图3.23)。

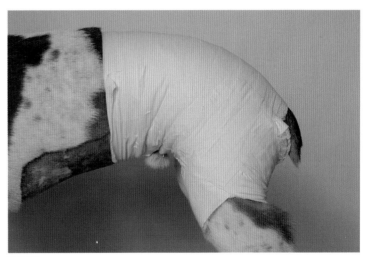

图3.23

■ **护理**

如果需要每天更换绷带,可以用绷带剪沿包扎背侧面剪开绷带。拆除绷带后,对伤口进行治疗,然后重新进行包扎。

■ **优点及并发症**

对于大型伤口,如烧伤,在位于骨盆和/或脊柱尾侧时,这种绷带为保持药物能够接触所涉及的不规则表面提供了一种合适的手段。如果绷带的包皮开口不够大,公犬的包皮头侧基部可能会出现压迫性伤口。

开窗型骨盆部绷带包扎

■ 适应证

见本章骨盆部绷带包扎，环绕型骨盆部绷带包扎。这种绷带包扎适用于骨盆及脊柱尾侧较小的伤口。

■ 技术

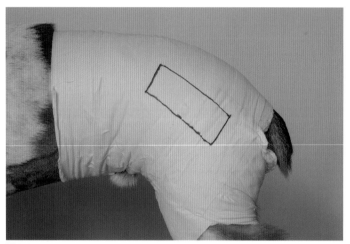

图3.24

- 已包扎好的环绕型骨盆部绷带包扎（见本章骨盆绷带包扎，环绕型骨盆部绷带包扎）。
- 在伤口上方的绷带上进行标记（图3.24）。

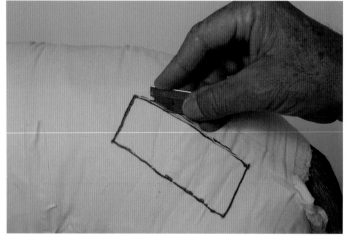

图3.25

- 用剃刀或手术刀片切开标记处的胶带（图3.25）。

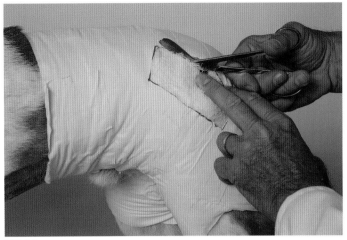

图3.26

• 用绷带剪剪下标记处的第二层缠绕
材料（图3.26）。这样就暴露出了伤口（图
3.27。这只示范犬没有伤口）。

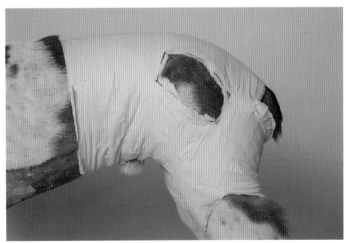

图3.27

• 在伤口上放置第一和第二层绷带材料
（图3.28）。

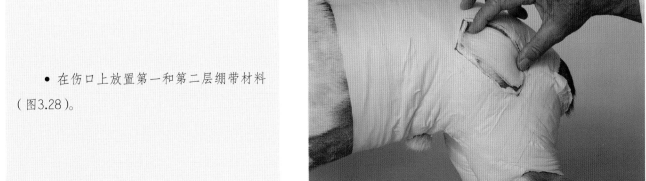

图3.28

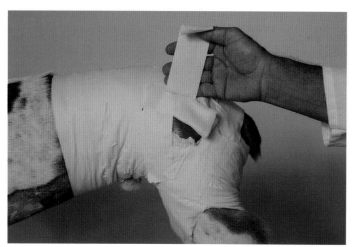

图3.29

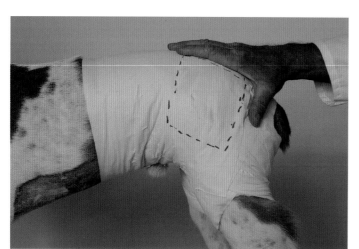

图3.30

- 先将5厘米宽的胶带撕开，粘在第一及第二层包扎材料上作为第三绷带层来将其固定（图3.29）。这些胶带粘在环绕型骨盆部绷带包扎的胶带上。

- 得到一个开窗的包扎（图3.30。虚线表明了覆盖在开窗处的胶带）。

■ **护理**

- 在更换绷带时，将开窗绷带的胶带与下层的第一和第二层一同拆除。进行适当的伤口治疗。
- 在伤口上重新放置新的第一和第二层绷带材料。
- 用预先撕好的胶带固定下层绷带材料。

■ **优点及并发症**

开窗绷带的主要优点是更节省绷带。它不需要在每次更换包扎时重新更换整个环绕型骨盆部绷带包扎。只需要更换开窗处上方的绷带。

如果在伤口护理时进行了伤口灌洗，开窗处周围的绷带会变湿并成为细菌生长的来源。因此，应小心清理伤口表面来防止这个问题。

骨盆部打包绷带

■ 适应证

见本章胸部、腹部绷带，胸部、腹部打包绷带。

■ 技术

见本章胸部、腹部绷带，胸部、腹部打包绷带。

■ 护理

见本章胸部、腹部绷带，胸部、腹部打包绷带。

■ 优点及并发症

见本章胸部、腹部绷带，胸部、腹部打包绷带。

骨盆部延长夹板

■ 适应证

发生脊柱创伤的犬可能会呈现出Schiff-Sherrington姿势。它们会呈现出前肢伸展并支持犬的前半部，同时后肢在犬的下方向前伸展的坐姿（图3.31）。因此，坐骨结节承担了犬的体重。使用了延伸出骨盆部的侧夹板，压力转移到夹板末端，使其离开坐骨结节处的皮肤并防止褥疮性溃疡的形成。夹板为小型犬设计，并且在小型犬上效果最好（图3.32）。

侧夹板还适用于断尾过短无法进行包扎时，保护尾的残留部分。它们保护尾的残留部分不受动物坐下时的压力。

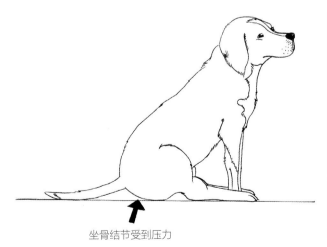

坐骨结节受到压力

图3.31　在Schiff-Sherrington姿态，犬的体重集中在坐骨结节。

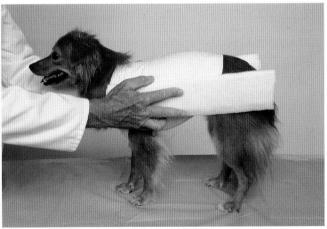

图3.32　骨盆部延长夹板为小型犬设计，并且在小型犬的效果最好。

■ **技术**

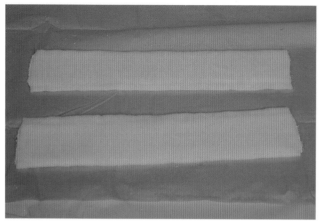

图3.33

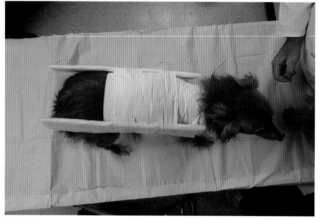

图3.34

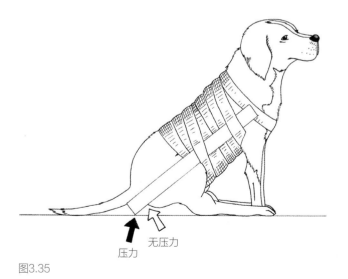

图3.35

- 在犬身上做环绕型胸部、腹部绷带包扎（见本章胸部、腹部绷带包扎，环绕型胸部、腹部绷带包扎）。
- 选择约7.7厘米宽的硬夹板作为骨盆部延长夹板（图3.33）。

- 用胶带将夹板固定在胸部、腹部环绕型绷带的两侧，超出犬后半部5~7.7厘米长（图3.34）。当犬呈Schiff-Sherrington姿势时，夹板尾端受到压力（黑箭），而不是坐骨结节（白箭，图3.35）。

压力
无压力

■ **护理**

观察坐骨结节处皮肤，并根据预防或治疗压力性伤口的需要进行治疗。根据需要调整并固定绷带和夹板，以维持其功能。

■ **优点及并发症**

夹板是一种保持压力远离坐骨结节处皮肤的有效方法。在治疗和预防褥疮性溃疡时，这是一个主要因素。它们也可以有效地防止断尾后较短的尾断端的创伤。如果发生滑动，需要对绷带和夹板进行调整，并重新用胶带固定。夹板对大型犬无效。

4 末端绷带包扎、铸件及夹板

Extremity Bandages, Casts, and Splints

尾部包扎

■ 适应证

尾部包扎适用于尾部受伤后进行开放性治疗的伤口、缝合后的伤口或有时也用于移植的伤口。绷带为伤口提供了保护，并/或保护尾的残端防止压迫。

比较常见的尾部伤口发生于被关在犬舍中的长尾短毛犬。当犬摇尾巴时，尾尖敲击笼子或犬舍的墙壁而出现损伤。最后尾尖出现开放性伤口。保护性绷带适用于在愈合过程中保护尾尖。

进行断尾术后，剩余的尾断端长度能够进行包扎时，适合使用保护性包扎。如果残端的尖部可能因动物坐下而受到损伤，可能需要使用夹板来保护愈合中的尾尖。

如果断尾后留下的残端太短，无法对断端进行包扎和/或使用夹板，可以使用侧夹板来保护残端，防止动物坐下时产生干扰及创伤（见第3章，骨盆部延长夹板）。

■ 技术

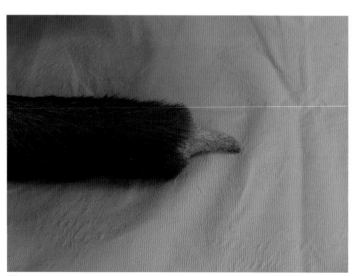

图4.1

- 为了无菌操作，对靠近尾尖伤口/尾残端处的区域进行剃毛和准备，尤其是当需要进行手术操作时（例如缝合）（图4.1）。

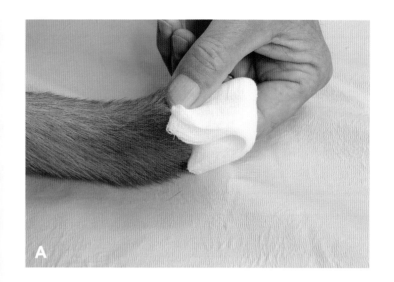

- 在尾断端应用了所需的药物后，在断端上放置一片纱布作为第一层敷料，然后用2.5厘米宽的胶带环绕固定（图4.2 A，B，C）。

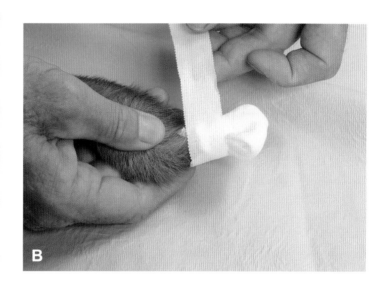

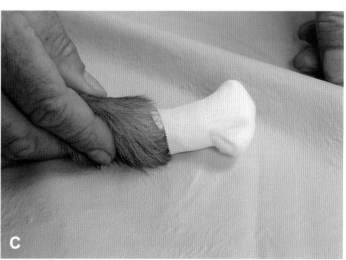

图4.2

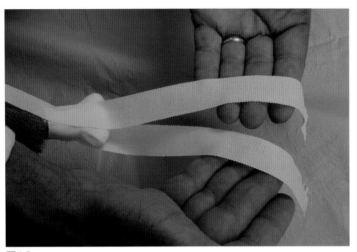

图4.3

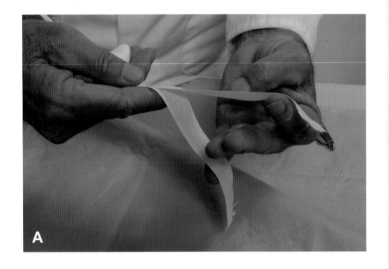

图4.4

- 沿尾纵轴的两侧粘两条2.5厘米宽的胶带作为"马镫"（图4.3）。

- 将尾尖/尾断端后方的胶带粘在一起（图4.4 A，B）。

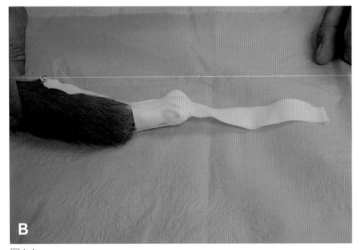

• 将胶带向回折叠到尾上方（图4.5，箭头）。

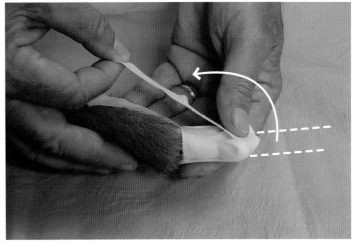

图4.5

• 先将2.5厘米宽的胶带撕下来，环绕尾部由末端至近端进行缠绕。在缠了2～3圈胶带后，将毛发从最后一圈胶带下方拉出（图4.6）

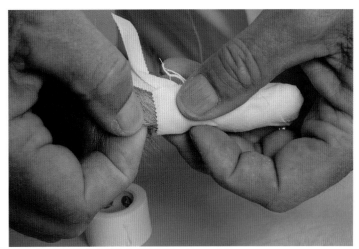

图4.6

• 这样毛发就位于最后一圈胶带上方，再缠胶带时将这些毛发夹在胶带的黏性面和之前缠的胶带的非黏性面之间。这被称为"叠盖"缠绕（图4.7）。

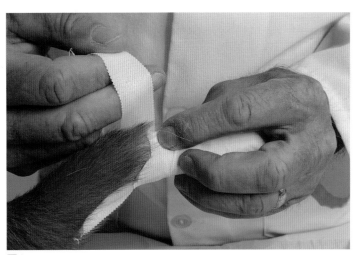

图4.7

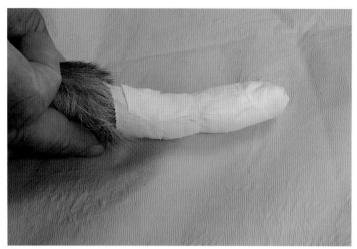

图4.8

- 最后尾绷带由胶带形成的"马镫"和"叠盖"固定（图4.8）。
- 如果需要对尾断端做进一步保护，可以将合适大小的指套型夹板粘在包扎外侧来保护尾断端的末端。

■ 护理

绷带应保持清洁和干燥。更换绷带的频率依赖于伤口的性质及医生的临床判断。

拆除绷带时需要使用绷带剪。使用"马镫"和"叠盖"技术提供了牢固的包扎。因此，拆除时可能需要一些努力。

所以，当对受伤的尾部进行操作来拆除绷带时，可能需要一定的麻醉/镇定。

■ 优点及并发症

"马镫"和"叠盖"技术的主要优点是牢固。尾部包扎的问题是它们会因摇摆而脱落，也就是说，由于尾部摇动时的离心力，绷带倾向于被从尾部甩出去。"马镫"和"叠盖"有助于防止其发生。

由于越接近尾尖，尾部的循环就变得越少，如果环形胶带缠得太紧会发生循环损伤。为了有助于避免发生这个问题，缠绕前先将胶带撕下来。如果直接用胶带卷将胶带缠在尾部上，会因缠绕太紧增加风险。

前肢绷带包扎、铸件及夹板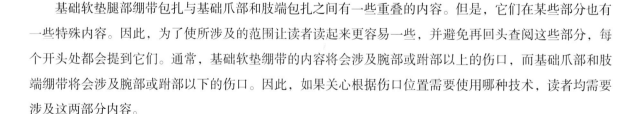

基础软垫腿部绷带包扎与基础爪部和肢端包扎之间有一些重叠的内容。但是，它们在某些部分也有一些特殊内容。因此，为了使所涉及的范围让读者读起来更容易一些，并避免再回头查阅这些部分，每个开头处都会提到它们。通常，基础软垫绷带的内容将会涉及腕部或跗部以上的伤口，而基础爪部和肢端绷带将会涉及腕部或跗部以下的伤口。因此，如果关心根据伤口位置需要使用哪种技术，读者均需要涉及这两部分内容。

基础软垫腿部绷带包扎

前肢使用的基础软垫腿部绷带包扎的内容也可用于后肢（见本章后肢绷带包扎、铸件及夹板，基础软垫腿部绷带包扎）。

■ 适应证

基础软垫腿部绷带包扎适用于提供适度支撑、制动以及压迫来处理不同类型的需求。这是一种基础包扎，很多其他技术都以此为基础，如夹板和铸件。绷带用于保护不同的软组织伤口，如开放性伤口、缝合的伤口及移植的伤口。

■ 技术

虽然图片中这种技术用于前肢包扎，后肢包扎的技术原则与之相同。

- 通常动物侧卧，需要包扎的腿在上面。
- 使关节呈自然角度，将腿摆好。在大多数情况下，进行包扎时腿应保持这个姿势（图4.9）。

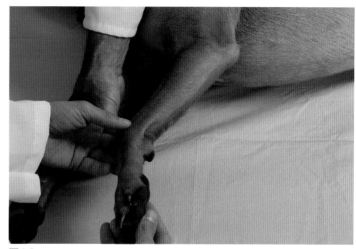

图4.9

- 用2.5厘米宽的胶带，在爪部及掌/跖部的内侧和外侧放置"马镫"（图4.10）。

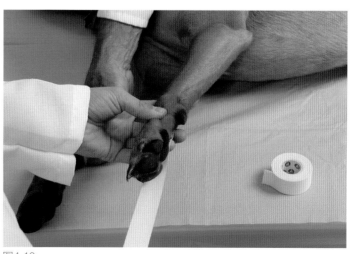

图4.10

图4.11

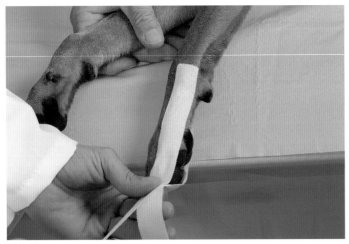

图4.12

• 用作"马镫"的胶带应延伸至爪部末端以外10~15厘米。每条胶带的游离端应向内折叠，为分开胶带提供把手（图4.11）。暂时将胶带互相粘在一起（图4.12和图4.13）。另外，也可以将压舌板放在两个黏性面之间，使它们能够被分开。如果伤口位于爪部的外侧或内侧面，胶带应放置在背侧及腹侧面。这是另一种在爪部伤口放置"马镫"的技术（见本章基础爪部和肢端包扎）。

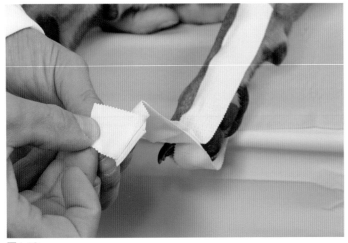

图4.13

- 在趾间和掌/跖内侧爪垫表面放上小片的脱脂棉或铸件垫（图4.14）。

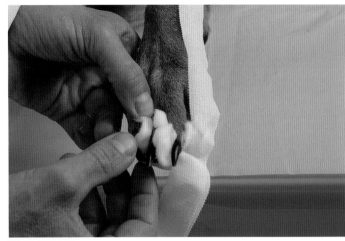

图4.14

- 评价需要保护的骨骼突起及其他突起处上方的皮肤（如腕部脚垫），然后采取措施来防止压迫性伤口。如果绷带要保持很长时间时尤其需要这样做，例如铸件下方。可用通过将铸件垫相互折叠很多层（图4.15）或将很多纱布块叠在一起，形成足够厚的垫子，使其与腿表面的突起程度相当，然后制成"面包圈"垫。在垫子的中间剪一个孔，使其像面包圈一样（图4.16，图4.17，图图4.18，图4.19）。将这些垫子放在突起上，将突起从孔内伸出（图4.20）。（另外一种制作面包圈垫的方法，见本章基础爪部和肢端包扎）。

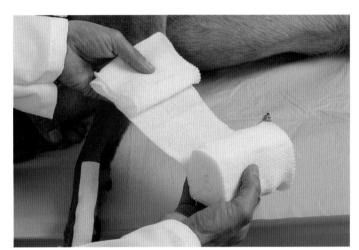

图4.15

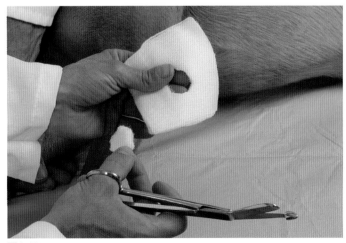

图4.16

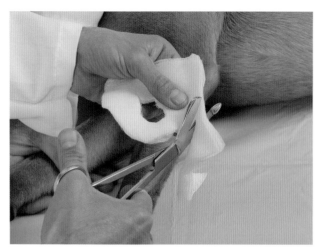

图4.17

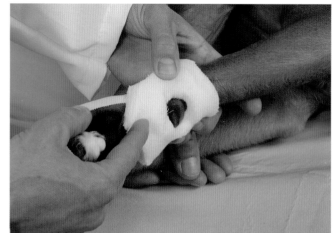

图4.20

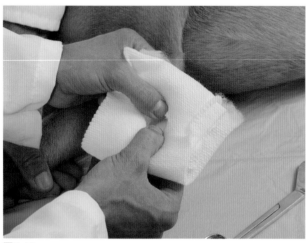

图4.18

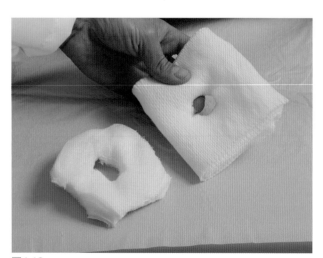

图4.19

- 如果绷带被用于覆盖伤口或伤口修复部位，在伤口上使用恰当的药物和第一层绷带。

- 由趾部开始，用铸件垫从腿的远端至近端进行缠绕（图4.21，图4.22）。所用铸件垫的宽度依据动物的大小。施力时应使环绕腿部的每一圈与之前那圈重叠50%。另外，应避免出现皱褶，如果用的是有织纹的铸件垫，材料应拉伸到使垫子的纹理轻微变形的程度。不用担心铸件垫缠得太紧，因为如果所受的张力过大，它会撕裂。

- 如果绷带被用来覆盖引流的伤口，被设计用于吸附伤口液体的吸附性第二层比铸件垫更好。它的操作方法与铸件垫相同；不过要注意不要缠得太紧，因为如果张力过大它也不会发生撕裂。

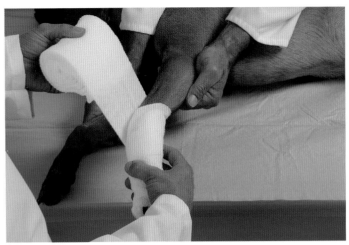

图4.21

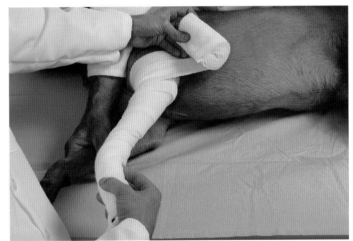

图4.22

- 在绷带的近端末端，对铸件垫卷施加均匀的张力，将其撕下。常规缠绕另外几层（图4.23，图4.24）。

- 当治疗引流的伤口时，缠绕数层吸附性第二层来吸附伤口液体。在缠绕的层数足够后（通常为3～4层），将缠绕材料剪断。

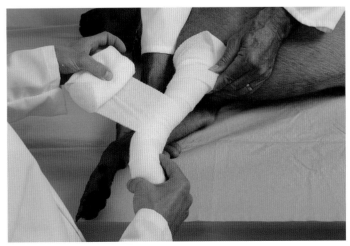

图4.23

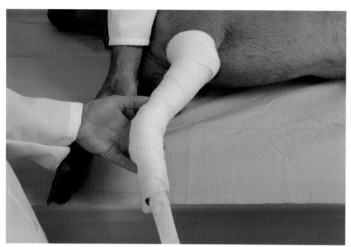

图4.24

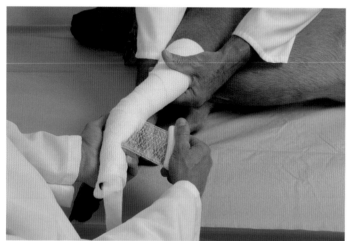

图4.25

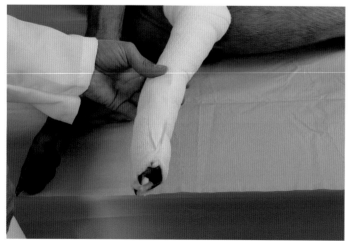

图4.26

• 下一层为纱布卷，从趾部开始由远端向近端缠绕。每次缠绕叠加在上一层缠绕的50%处。纱布缠绕开始和结束后，仅在包扎的顶部和底部有少量的下层铸件垫从下方突出。包扎时在纱布卷上提供均匀的张力非常重要，这需要使手指都位于纱布卷上而不是位于纱布延伸出的部分（图4.25）。张力的作用是向下层铸件垫提供轻度的压迫。但是，要避免张力过大，因为这会抑制腿部的静脉和淋巴回流。

• 当包扎用于治疗引流的伤口时，不需要使用这层纱布卷。

• 分开用作"马镫"的胶带。将每条胶带扭转，使黏附面朝向绷带。然后向上折叠到绷带上。应当能够看到中间的两趾（图4.26）。

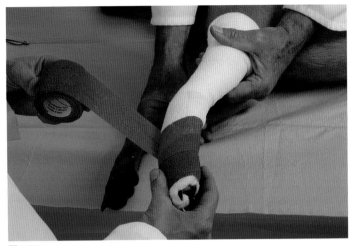

图4.27

- 可以使用弹性绷带作为最后的保护层。包扎时由远端至近端，同时每次缠绕都叠加在前一次缠绕的50%处，不要出现褶皱（图4.27）。包扎时施加适度的张力，使材料的织纹轻度变形但还可见。有一些因素会影响弹性胶带外层内部的压力大小（见本章基础爪部和肢端包扎）。在绷带的顶部及底部应有少量下层突出（图4.28）。

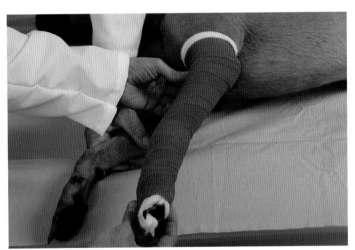

图4.28

也可以选用透气性胶带作为绷带的外层。在用于包扎前，先将胶带撕下来。每个胶带应足够长，至少能够环绕包扎一圈。由远端至近端缠绕胶带，施加轻微的压力但是不要压缩过度，同时叠加在前一圈胶带的50%处。

■ 护理

仔细监测绷带。应保持其清洁和干燥，不要让动物舔或抓挠绷带。露在外面的两趾用于检查是否出现肿胀（两趾相互分开），如果出现即意味着绷带过紧，需要更换。如果动物对这条腿的使用减少或发现以上任何症状，应联系兽医。

如果绷带用于治疗引流的伤口，可能需要定期更换绷带。

拆除绷带

绷带应分层拆除，使动物更舒适。下面是覆盖伤口的绷带的拆除技术。某些步骤也可用于拆除矫形治疗时用于铸件或夹板下方的绷带。

- 用剃刀、手术刀片或剪刀沿长轴小心地切开第三层绷带，它们仅能用于切开第三层。

- 从下一层上剥下第三包扎层，将其拆除。如果使用透气性胶带作为第三层，需要使用绷带剪剪断两层间的连接。

- 找到或做出第二层的末端，从腿上解开缠绕的第二层。在愈合过程中，每次更换包扎时第二层内的渗出液应越来越少。如果有"马镫"，保持靠近皮肤的部分完整，之后可以在上面做新"马镫"。

- 如果爪垫和趾间的脱脂棉、铸件垫或第一层敷料片潮湿或弄脏，将其拆除。

- 拆除第一层包扎，对伤口进行恰当的治疗（例如清创、灌洗、用药）。如果第一层粘在了伤口表面，可以用不含肾上腺素的温生理盐水或温2%利多卡因浸湿。生理盐水可以用于猫。这样做使绷带松弛，利于拆除并使动物更舒适。

比起尝试操作伤腿并强行用绷带剪一次剪开所有包扎层，分层拆除包扎对动物来说舒适得多。

重新包扎

- 如果拆除了脱脂棉或铸件垫，在趾间及爪垫间重新放置它们。

- 根据伤口性质，在伤口或移植片上重新放置合适的包扎材料。

- 可以保留之前包扎所用的面包圈垫，并重新放在新绷带里。使用2～3次后，这些垫子被压平，需要更换新垫。

- 如果"马镫"因伤口引流变湿，将其更换。

- 重新放置第二层。渗出液的量决定了更换绷带的频率。在伤口管理的早期阶段，当伤口液体产生得非常多时，至少每天都要更换一次绷带。应当在渗出液到达第三层（透出）之前更换包扎，尤其是当使用的为透气性第三层时。如果第三层变湿，外源性细菌会污染伤口。在愈合过程中及液体产生减少后可以减少更换包扎的频率。

- 重新包扎的第三层可以使用弹性绷带或透气性胶带。为了有助于保持第三包扎层干燥和清洁，当动物位于潮湿或潜在污染的环境中时，可以在包扎外面套一个塑料袋（例如面包袋或Ⅳ输液袋）。不要使用橡皮筋将塑料袋固定在腿上。可以使用胶带将塑料袋固定在绷带上方的毛上。由此可以避免橡皮筋由塑料袋上滑脱及因滚入毛发中被忽视而造成循环破坏的可能性。

■ 优点及并发症

软垫绷带易于使用，它能够为不同的情况提供合适的支持和保护。常见并发症包括绷带滑动、压迫性伤口和动物将包扎破坏。如果怀疑出现任何一个问题，则应更换绷带。每一处的包扎都有其自己的优点和并发症。

趾间和爪垫间

趾间和爪垫处的脱脂棉或铸件垫有助于吸附该处正常的水分，并且有助于防止细菌生长。但是，如果它们变湿，则能够促进细菌生长。

第一包扎层

不同的第一层包扎材料相关的优点及并发症都涵盖在第1章（绷带包扎、铸件及夹板基础中），一般更新一些的第一层敷料能够通过创建可以支持伤口愈合的环境来加快愈合过程，或者通过与组织相互作用来加快愈合。面包圈垫提供了一种较为便宜的方法来保护突起处上方的皮肤，防止其受到压迫性损伤。"马镫"有助于确实保护腿部绷带的安全。但是，如果它们变湿，则会变为细菌生长和伤口污染的来源。

第二包扎层

吸附渗出液并且使相关细菌远离伤口是第二包扎层的主要优点。第二层也为伤口提供了垫料及起到一部分制动作用。

当使用透气性第三层时，液体可以从渗出液中蒸发，这有助于抑制细菌生长。0.2%聚六甲基双胍盐酸盐浸润的第二层敷料增加了抑制伤口细菌及可能进入第二层中的外源性细菌的优点。

对于液体产生量很大的伤口，液体蒸发的速度可能没有吸附速度快。因此，伤口细菌及外源性细菌会在绷带内增殖。对于这些伤口，适合频繁更换包扎。

如果第二层使用的是脱脂棉或铸件垫，并且如果它们与伤口接触并变湿，则会粘在伤口上。它们很难被看到，因此有少量会留在伤口上，产生异物效应。但是，铸件垫作为第二层的优点是它很难被缠得过紧。如果在缠绕时对其施加了过多的张力，它会发生撕裂。

第三包扎层

这层的作用是固定其他几层。如果使用了透气材料，它能够使第二层中的液体蒸发，有利于保持包扎干燥。但是，这种多孔性也能够使外源性液体和细菌进入绷带。弹性包扎材料能够为腿部的包扎提供良好的结构，但其具有潜在并发症，如果包得太紧，它们会引起循环问题及组织坏死。

基础爪部和肢端包扎

见本章前肢绷带包扎、铸件及夹板。

■ 适应证

肢端及爪部的包扎通常适用于治疗开放性、缝合的或移植后的伤口。对于一些软组织伤口，需要某些形式的夹板来防止组织移动和/或压迫。在这部分技术中也会阐述一些特殊适应证。

■ 技术

趾间/爪垫间

这些位置应保持干燥，存在伤口时需要第一包扎层敷料。

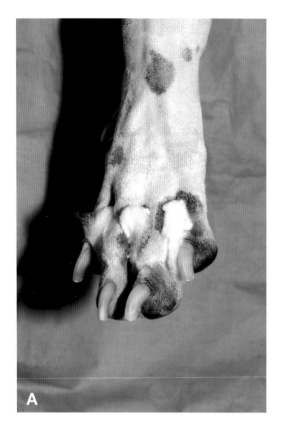

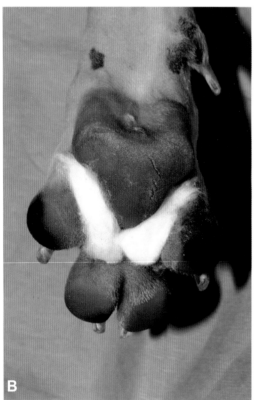

图4.29　引自Small Animal Distal Limb Injuries, Teton New Media。

● 在趾间和掌/跖爪面的爪垫间放置小片脱脂棉或铸件垫（图4.29 A和B）。

● 另外，如果趾间有伤口，可以在趾间放某些类型的第一层敷料条（图4.30）。

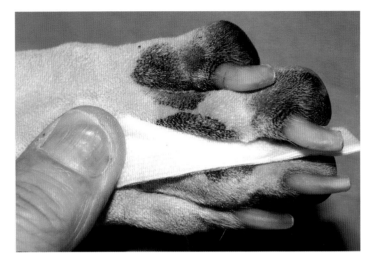

图4.30 引自Small Animal Distal Limb Injuries, Teton New Media。

第一包扎层，"面包圈"垫和"马镫"

第一包扎层在为愈合提供支持环境和/或与伤口组织相互作用来加速愈合中扮演了重要的角色。根据伤口的性质，在伤口或移植片上放置合适的第一层包扎材料（见第1章）。

"包尿布的爪垫"是一项可以在中型犬的趾背部或爪垫处伤口上提供第一包扎层的技术。它与给小孩穿纸尿裤类似。

● 在非黏附性半密闭垫的两边，沿着有黏性的边缘中点处剪出三角形豁口（图4.31）。

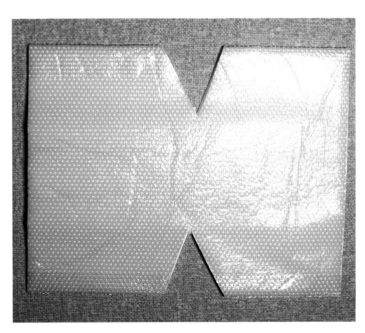

图4.31 引自Small Animal Distal Limb Injuries, Teton New Media。

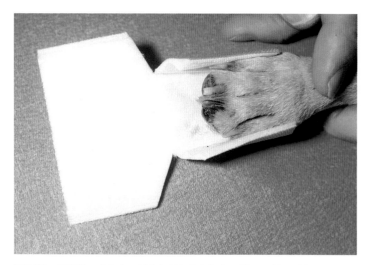

图4.32　引自Small Animal Distal Limb Injuries, Teton New Media。

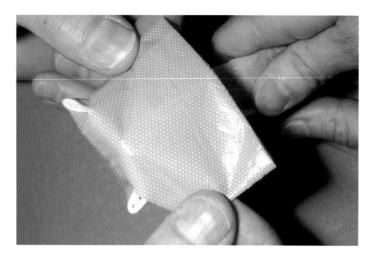

图4.33　引自Small Animal Distal Limb Injuries, Teton New Media。

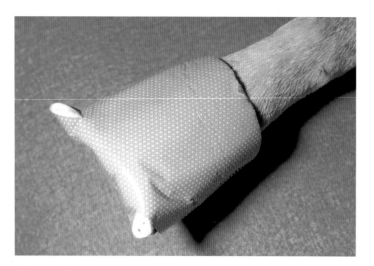

图4.34　引自Small Animal Distal Limb Injuries, Teton New Media。

- 将垫放置在爪部的掌/跖面，并粘在此处的外侧和内侧边上（图4.32）。

- 将垫折叠，使剩余的部分覆盖爪背侧（图4.33）。

- 将剩下的有黏性的部分贴在之前的绷带边缘，使其固定（图4.34）。

• 在突起处，如掌骨垫或跗关节处，容
易被绷带、铸件或夹板的压力损伤的地方使
用"面包圈"垫。

• 将数层铸件垫折叠在一起，做成一个
约7.6厘米×7.6厘米（图4.35）的垫。

图4.35　引自Small Animal Distal Limb Injuries, Teton New Media。

• 将垫自身折叠起来，在其中心用绷带
剪剪一个裂缝（图4.36）。

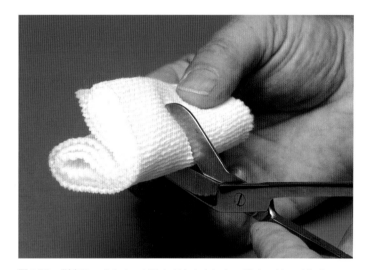

图4.36　引自Small Animal Distal Limb Injuries, Teton New Media。

• 将垫子展开，用手指对裂缝的边缘施
加张力，使其扩大成一个近似圆形的开口
（图4.37）。

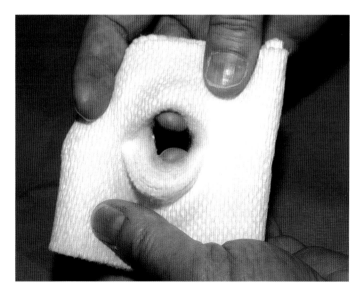

图4.37　引自Small Animal Distal Limb Injuries, Teton New Media。

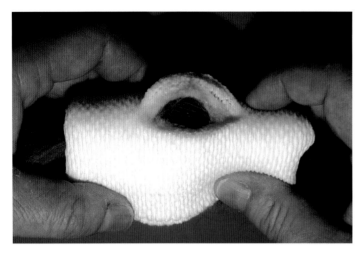

图4.38 引自Small Animal Distal Limb Injuries, Teton New Media。

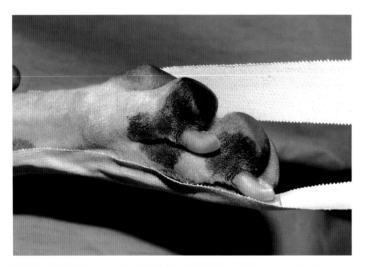

图4.39 引自Small Animal Distal Limb Injuries, Teton New Media。

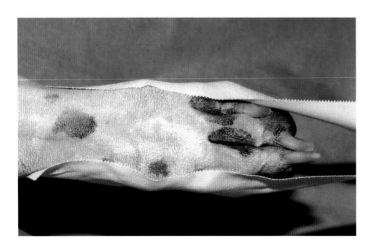

图4.40 引自Small Animal Distal Limb Injuries, Teton New Media。

- 将垫子放置在突起上，使开口位于突起上（图4.38）。

- 可以在腿部放置"马镫"，帮助固定包扎。

- 平行腿的长轴，将两条2.5厘米宽的胶带贴在腿的皮肤上。可以将其放置在背侧或掌侧面（图4.39）或者是内侧及外侧面（图4.40）。应将胶带延伸至爪部末端外一段。放置时应根据爪部或肢端的损伤位置。不要将"马镫"放置在任何伤口、缝合处或移植片上。如果该处有大型伤口或移植片妨碍了"马镫"的放置，则不要使用"马镫"。

第二包扎层

第二包扎层的功能是吸附伤口引流液、作为垫料以及提供一些制动。可以使用特殊的第二层纱布或铸件垫（见第1章）。

- 由腿的远端向近端缠绕第二包扎层。缠绕时要使这层与下方的第一包扎层间接触良好。但是，应避免张力过大。均匀地沿着腿部包扎这一层。包扎材料扭转180°会形成缩窄处，将下层的绷带拉入不平的部位（例如环绕腕骨垫处），因此不应该这样做。这会增加扭曲处下方的压力。

- 使用"马镫"的末端包扎：

方案1 根据包扎/腿的长度，可以将爪部末端以外7.5～20.5厘米"马镫"带的黏性面贴在一起。所得的单个胶带向回折叠至第二包扎层表面（图4.41）。

方案2 将每条马镫旋转180°（箭头）并向回折叠到第二包扎层上（图4.42）。还有其他放置"马镫"的技术（见本章第47页，基础软垫腿部绷带包扎）。

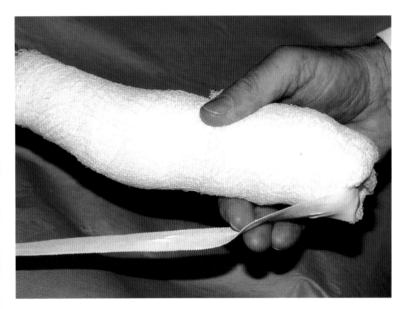

图4.41 引自Small Animal Distal Limb Injuries, Teton New Media。

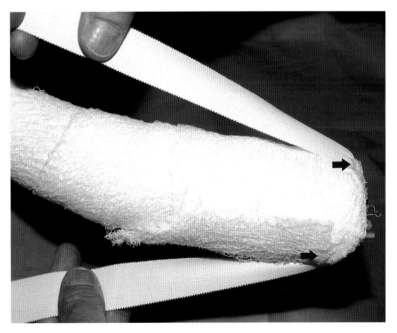

图4.42 引自Small Animal Distal Limb Injuries, Teton New Media。

● 不使用"马镫"的末端包扎：这种包扎特别适用于趾部有伤口时。它也可以用在伤口或移植片妨碍了"马镫"的使用时。

方案1 在爪部末端，将第二层绷带卷旋转90°，准备在爪部末端上包扎几层（图4.43）。将包扎材料在爪部末端上来回折叠几次（图4.44）。然后再次将绷带卷旋转90°，围绕爪部进行缠绕，拉入折叠后突出的边缘（图4.45）。最终得到一个包裹爪部的平滑包扎（图4.46）。

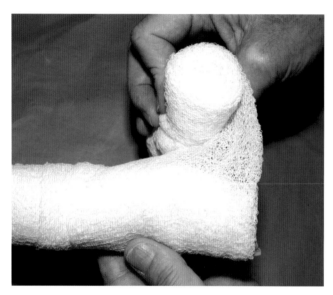

图4.43 引自Small Animal Distal Limb Injuries, Teton New Media。

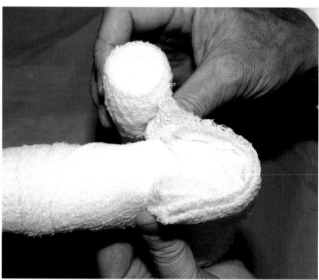

图4.44 引自Small Animal Distal Limb Injuries, Teton New Media。

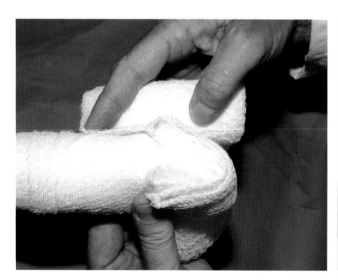

图4.45 引自Small Animal Distal Limb Injuries, Teton New Media。

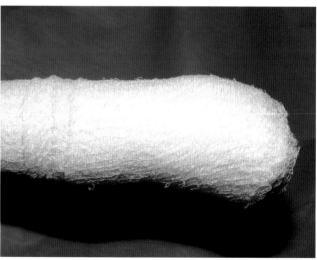

图4.46 引自Small Animal Distal Limb Injuries, Teton New Media。

方案2　由第二和第五趾水平处开始缠绕第二层，斜向缠绕，这样第三和第四趾就不会被绷带盖住，仍露在外面（图4.47）。这样就允许评价包扎的松紧度。如果脚趾出现肿胀或低温，意味着包扎可能过紧。当伤口或移植片妨碍了"马镫"的使用时，可以使用这种包扎末端的方法。当使用了内侧和外侧马镫时也可以使用这种方法，因为脚趾需要露在外面。

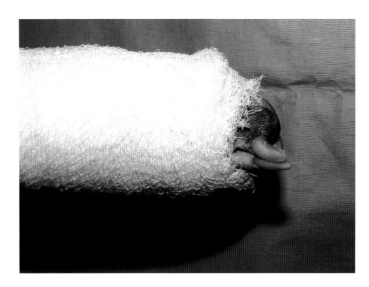

图4.47　引自Small Animal Distal Limb Injuries,
Teton New Media。

第三包扎层

这层将其他绷带固定到了一起，保持它们清洁，并且有助于防止包扎的肢端活动，尤其是当该层固定了夹板时。很多种材料可以用作这层（见第1章）。

● 第三层包扎材料放置于第二层外侧。

方案1　如果使用透气性胶带，在将其用于包扎前，先将胶带撕好（图4.48）。每条应足够长，能够环绕包扎一周。由包扎的远端至近端缠绕胶带，轻轻但不要压缩过度，以重叠的形式缠绕。

图4.48　引自Small Animal Distal Limb Injuries, Teton New Media。

图4.49　引自Small Animal Distal Limb Injuries, Teton New Media。

- 另一种方式为，包扎时可以直接使用胶带卷，一边撕一边向上缠。但是这样做，在从胶带卷上拉下更多胶带时必须用一只手固定靠近绷带旁的胶带。因此减少了胶带缠得太紧的危险（图4.49）。

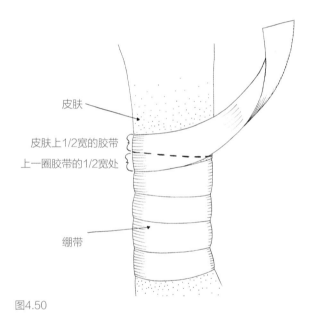

皮肤

皮肤上1/2宽的胶带

上一圈胶带的1/2宽处

绷带

图4.50

- 在包扎的近端末尾，最后一片胶带宽度的一半缠在与之相邻的前一片胶带上，其宽度的另一半缠在包扎近端末尾的皮肤上（图4.50）。

- 另一片胶带可以包含包扎近端末尾处的更多腿部皮肤/毛发，从而防止包扎滑脱。可以用一只手按在皮肤/毛发上的胶带处约1分钟。手和动物身体的热度能够帮助胶带的黏性材料粘在皮肤/毛发上，使包扎更牢固。

- 帮助确保胶带粘在皮肤上的另一种方法是在靠近包扎顶部的皮肤上喷一些六甲基二硅醚丙烯酸盐聚合物溶液（Cavilon No Sting Barrier Film, 3M Health Care, St. Paul, MN）。干燥后，它会留下一层清洁的膜，胶带贴在上面比只贴在皮肤上更好。这层膜还有助于防止撕下胶带时剥离表皮。

　　方案2　当使用防水胶带来保护包扎，防止外源性液体（例如水或尿）时，使用前先将其像透气胶带那样撕成条（图4.48）。不过，它用在透气胶带之上。避免腿上的皮肤和毛发接触到这种包扎材料。确保使用医用透气胶带将包扎固定在皮肤和毛发上。

　　方案3　使用弹性绷带时，要在充足的第二层包扎之上小心地缠绕，提供均匀而不过度的压力。当使用弹性绷带时，使用铸件垫作为第二层能够提供相对更大的压力保护性。当把绷带从卷轴上撕下后，用一只手固定靠近包扎的绷带，同时从卷轴上拉下更多绷带。这降低了绷带过紧的危险（图4.49）。缠绕时重叠绷带宽度的1/3~1/2。其他使用这种绷带的要点是，缠绕时材料上的织纹应轻微变形但仍可见。

　　当使用弹性绷带时，应记住这种绷带产生的压力由5个因素决定：

　　①材料的弹性。弹性越大产生的压力越大。

　　②使用时绷带承受的张力大小。

　　③绷带宽度。绷带越窄，局部压力越大（止血带效果）。

　　④重叠层的数量。压力附加在它们之上，也就是说，每一层都要感觉好像处在正确的张力下。但是，每层都会增加压力。

　　⑤包扎的腿的周长。周长越小，可能受到的压力越大（图4.51）。

　　由周长较小变为周长较大时应当注意，也就是从远端到近端时。远端处的包扎应使用小一些的张力，防止在这个周长较小的部位收缩过度。应记住，在某些犬，有些部位比更远端处窄，例如，直接靠近腕部和跗部及靠近趾的部位。这些部位包扎过紧会导致止血带效果。在帮助防止出现这些压迫问题上，适当的填充非常重要。

　　如果用弹性绷带包扎非常突出的部位（例如跗关节的突起或肘关节的突起），要注意避免压力过大。这些位置的包扎通常会产生压力；因此，弹性绷带更能够潜在地引起这些部位上方的过度压力。在这些部位上增加填充物，压力会增加而不是减小。因此，最好使用"面包圈"垫环绕这些突出点进行填充（见本章第53页，第一包扎层，"面包圈"垫和"马镫"）。

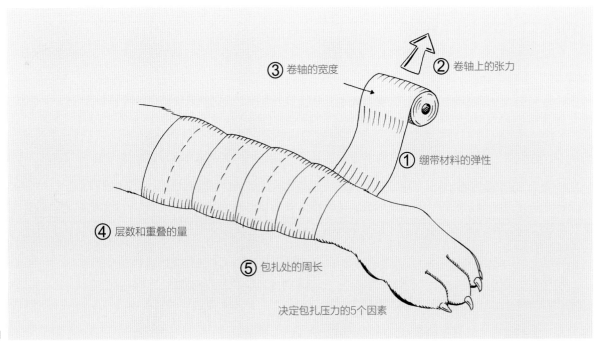

图4.51

为了帮助评估使用弹性绷带时肢端包扎的压力，包扎时应留下中间两趾，将其露在外面，每天监测数次感觉和循环情况（见本章第59页，第二包扎层，不使用"马镫"的肢端包扎—方案2）。

■ 护理

拆除绷带

肢端和爪部的绷带应分层拆除，使动物更舒适。以下是覆盖伤口的绷带的拆除技术。某些步骤也可用于拆除矫形治疗时用于铸件或夹板下方的绷带。

- 用剃刀或手术刀片，沿长轴小心地只切开第三层绷带。

- 在包扎的近端末端，此处第三层的胶带可能粘在皮肤和毛发上用于固定，使用手和绷带剪来松开胶带的连接。

- 从下面的第二层上剥下第三包扎层，将其拆除。根据需要使用绷带剪剪断两层间的连接。

- 找到或做出第二层的末端，从腿上解开缠绕的第二层。拆除这层后，可以评估伤口产生的渗出液量。在愈合过程中，每次更换包扎时第二层内的渗出量应越来越少。如果有"马镫"，保持它们完整。

- 如果爪垫和趾间的脱脂棉、铸件垫或第一层敷料片潮湿或弄脏，将其拆除。

- 拆除第一包扎层，对伤口进行适当的治疗（例如清创、灌洗、用药）。如果第一层粘在了伤口表面，可以用不含肾上腺素的温生理盐水或温2%利多卡因浸湿。在猫应使用温生理盐水。这样做使绷带松弛利于拆除，并使动物更舒适。

比起尝试操作伤腿并强行用绷带剪一次剪开所有包扎层，分层拆除包扎对动物来说舒适得多。

重新包扎

- 更换绷带时，更换之前放置在趾间和爪垫间的脱脂棉或铸件垫。如果这些部位有伤口，那么将合适的第一层包扎材料重新放置在这些部位。

- 根据伤口性质，在伤口或移植片上重新放置合适的包扎材料。如果适用，可以使用换尿布样爪部包扎，也就是中型犬位于爪背侧或掌/跖面的伤口。

- 前一次包扎使用的由铸件垫制成的面包圈垫可以保留，并在包扎时重新使用。用2~3次后，这些垫子会被压缩，需要更换新垫。

- 如果使用了"马镫"，将它们留在原位并用在新包扎中。如果"马镫"被伤口引流的液体弄湿，需要将它们拆除，因为它会成为细菌生长的部位。可以重新放置"马镫"或不用"马镫"而直接使用绷带。在后者，包扎的牢固性依靠胶带将包扎的近端末端固定在皮肤和毛发上。

- 更换第二包扎层。所产生的渗出液的量决定了更换包扎的频率。在伤口管理的早期阶段，当伤口产生液体很多时，至少每天更换一次包扎。应在渗出达到第三层（透出）前更换绷带，特别是使用了透气性第三层时。如果第三层变湿，外源性细菌会污染伤口。随着愈合过程及液体产生量下降，包扎更换的频率可以不那么频繁。

- 根据是否使用了"马镫"，在更换第二包扎层时要妥善安置包扎远端的末端。

- 使用弹性绷带或透气胶带重新包扎第三包扎层。第三包扎层应保持干燥及清洁。当使用透气性第三层时，在动物位于潮湿或潜在污染的环境中，如去户外在潮湿的草丛中排便和排尿时，可以在包扎外面套一个塑料袋（例如面包袋或Ⅳ输液袋）。不要用橡皮筋将塑料袋固定在腿上。可以使用胶带将塑料袋固定在绷带上方的毛上。由此可以避免橡皮筋由塑料袋上滑脱及因滚入毛发中被忽视，降低循环障碍的发生率。

■ 优点及并发症

基础爪部和肢端包扎很容易使用，它能够为这些部位的伤口提供合适的支持和保护。常见的并发症包括滑动、压迫性伤口和包扎被破坏。如果怀疑出现任何问题，则应更换包扎。每一部分包扎都有其优点和并发症。

趾间和爪垫间

趾间和爪垫处的脱脂棉或铸件垫有助于很好地吸附该处正常的水分，并且有助于防止这些部位的组织浸解和细菌生长。这些部位有伤口时，第一层包扎材料能够加快愈合过程。

第一包扎层

不同的第一层包扎材料相关的优点及并发症都涵盖在第1章内。一般情况下，较新的敷料能够通过创建可以支持伤口愈合的环境来加快愈合过程，或者通过与组织相互作用来加快愈合。

尿布样爪部包扎使非黏性半密闭垫变得平滑，如果这种敷料适用于伤口，它主要用于中型犬的爪部。

由铸件垫制成的面包圈垫提供了一种较为便宜的方法来保护突起处上方的皮肤，防止其受到压迫性损伤。"马镫"有助于确实保护腿部包扎的安全。但是，如果它们变湿，则会变为细菌生长和伤口污染的来源。

第二包扎层

吸附渗出液并且使相关细菌远离伤口是第二包扎层的主要优点。第二层也为伤口提供了垫料，并起到一部分制动作用。

当使用透气性第三层时，液体可以从渗出液中蒸发，这有助于抑制细菌生长。0.2%聚六甲基双胍盐酸盐浸润的第二层敷料增加了抑制伤口细菌及可能进入第二层中的外源性细菌的优点。

对于液体产生量很大的伤口，液体由第二层蒸发的速度可能没有吸附速度快。因此，伤口细菌及外源性细菌会在绷带内增殖。对于这些伤口，适合频繁更换包扎。

如果第二层使用的是脱脂棉或铸件垫，并且一旦与伤口接触并变湿，则会粘在伤口上。因为很难被看到，即使有少量留在伤口中也会产生异物效应。但是，铸件垫作为第二层的优点是它很难被缠得过紧。如果在缠绕时对其施加了过多的张力，则会发生撕裂。

第三包扎层

这层的作用是固定其他几层。如果使用了透气材料，它能够使第二层中的液体蒸发，有利于保持绷带干燥。但是，这种多孔性也能够使外源性液体和细菌进入绷带。弹性包扎材料能够为腿部的包扎提供良好的一致性，但其具有潜在并发症，如果包得太紧，它们会导致循环障碍及组织坏死。

爪垫减压

■ 适应证

趾部及掌骨/跖骨垫的伤口可能为撕裂伤、擦伤、刺伤、烧伤（温度或化学性）或因肿物切除产生的伤口。这些伤口的适当愈合需要特殊要求。应减小或防止爪垫组织所受的压力和活动。因为脚垫的作用是吸附震动，脚垫上承受的体重会造成伤口的组织移向所受压力的反方向，或者如果伤口被缝合后，缝线撕裂组织。这将会阻碍愈合。因此，需要使用对包扎进行减压的技术，无论这个伤口是简单的撕裂或是一个更复杂的脚垫移植片。技术章节中的某些部分会说明一些特殊的适应证。

■ 技术——小型到中型犬的中度伤口

掌骨/跖骨垫

具有中度爪垫伤口，如缝合的伤口或小型开放性伤口的小型到中型犬可以使用泡沫海绵"面包圈"垫作为爪部减压垫。

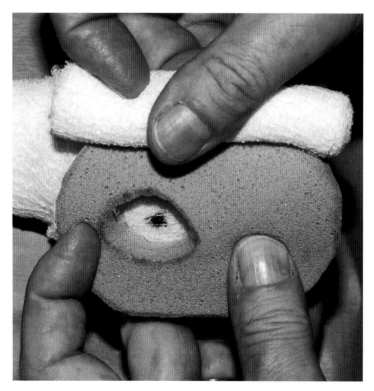

图4.52　引自Effects of bandage configuration on paw pad pressure in dogs: A preliminary study, Journal of the American Animal l lospital Association.

- 将一片半压缩性（蓝色）泡沫海绵垫（Confor™ foam, HiTech Foam, Lincoln, NE）剪成爪部掌/跖面的大小和基本形状。用剃刀片或10号手术刀片将泡沫垫的厚度分成两半。这样，垫子大约1.25厘米厚。用刀片在垫子位于掌骨/跖骨垫伤口上方的部位切一个洞。这样，做出一个面包圈垫。

- 进行基础爪部和肢端包扎的第一层和除了最后2圈或3圈的第二层包扎（见本章第56页，基础爪部和肢端包扎）。

- 将面包圈泡沫海绵垫放在包扎的掌/跖面，同时上面的孔位于掌骨/跖骨垫上方（图4.52）。

- 做最后2圈或3圈第二层包扎来固定减压垫。
- 为了进一步减压，可以在包扎内的泡沫海绵垫下层放置爪罩型的Mason Metasplint（图4.53）。
- 包扎第三层绷带。

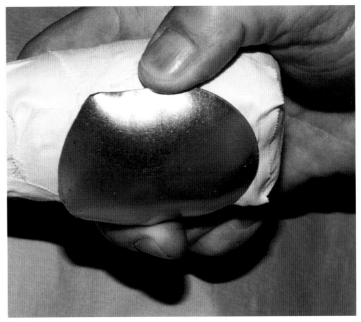

图4.53　引自Effects of bandage configuration on paw pad pressure in dogs: A preliminary study, Journal of the American Animal Hospital Association.

趾垫

一片剪下的泡沫海绵垫可以用于减轻小型到中型犬趾部适度的爪垫伤口，如缝合的伤口或小型开放性伤口，或矫形趾部损伤的压力。

- 将一片半压缩性（蓝色）泡沫海绵垫（Confor™foam, HiTech Foam, Lincoln, NE）剪成接近掌骨/跖骨垫大小的三角形。将泡沫垫的厚度用手术刀片或剃刀切成两半，厚度为1.25厘米。
- 进行基础爪部和肢端包扎的第一层和除最后2圈或3圈的第二层包扎（见本章第51页，基础爪部和肢端包扎）。
- 将三角垫放在掌骨/跖骨垫下方包扎的掌/跖面（图4.54）。

图4.54　引自Effects of bandage configuration on paw pad pressure in dogs: A preliminary study, Journal of the American Animal Hospital Association.

- 做最后2圈或3圈第二层包扎来固定减压垫。
- 为了进一步减压，可以在包扎内的泡沫海绵垫下层放置爪罩型的Mason Metasplint（图4.53）。

■ 护理——小型到中型犬的中度伤口

在更换绷带时，拆除绷带的所有部分并重新包扎。无论是面包圈形或三角形海绵垫，都留下作为下次包扎的组成部位。如果伤口的引流物被吸附到减压垫内，那么可能需要2个垫子。因此，当一个垫子被引流弄脏时，可以刷洗并用消毒剂漂洗，然后干燥，再用于下次包扎。

■ 优点及并发症——小型到中型犬的中度伤口

泡沫海绵垫的优点是可以为任意爪垫的伤口提供减压。用面包圈垫对掌骨/跖骨垫进行减压时，其原则是将压力分散到伤口周围的组织上而不是伤口上（图4.55A）。在掌骨/跖骨垫下方放置三角形垫时，减压原则是通过将垫子放在掌骨/跖骨垫下方来将趾抬高（图4.55B）。三角形泡沫海绵垫的相关并发症为当动物将体重施加到包扎上时，它可能会滑落到放置位置之外。为了将垫子固定，可以在垫子贴住掌骨/跖骨垫的那面稍稍剪出凹面来。

■ 技术——主要的重建或爪部修复手术，尤其在大型犬

"贝壳"夹板

"贝壳"夹板可以用于重要的爪部重建或修复术后对爪垫减压，例如断趾或爪垫皮肤移植术。这种夹板尤其适用于大型犬。

- 进行基础爪部和肢端包扎（见本章基础爪部和肢端包扎）。
- 再进行第二层缠绕至前肢肘部或后肢跗部，使其与包扎的长度相等。

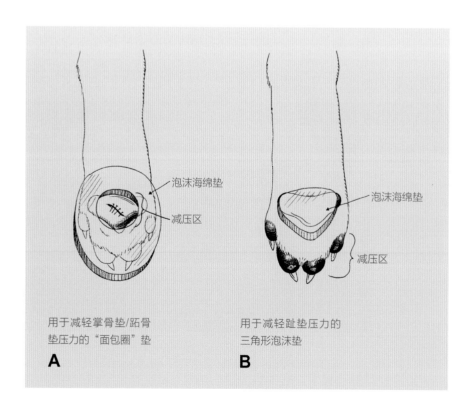

图4.55 爪垫减压：（A）掌骨/跖骨垫减压。（B）趾垫减压。

用于减轻掌骨/跖骨垫压力的"面包圈"垫

用于减轻趾垫压力的三角形泡沫垫

泡沫海绵垫

减压区

泡沫海绵垫

减压区

A

B

- 用胶带做第三包扎层。

- 将两个大小合适的金属夹板放置在包扎两侧。在前肢，夹板应延伸到肘部旁。在后肢，它们应当延伸到跗部旁。夹板通常放置在头侧和掌侧/跖侧的绷带面。但是，它们也可以放置在内侧和外侧面。内—外侧的放置方法主要用于后肢，夹板需要放置在跗关节下方时。内—外侧的放置方法有助于避免因头侧夹板顶端紧压跗关节头侧/屈肌方向造成的皮肤刺激。内—外侧夹板的另一种放置方式为使用半"贝壳"夹板（见后面的半"贝壳"夹板）。对于大型犬，内—外侧放置方法能够带来更多支持和稳定。夹板的凹面相对扣在爪部上，并延伸至爪外侧约2.5~3.8厘米（图4.56A）。

- 用一段5厘米宽的胶带将夹板固定（图4.56B）。有一点非常重要，用胶带作为包扎的第三层，并将夹板固定。夹板间的这两层胶带的黏性为夹板提供了牢固度，这样它们便不会因承受体重而向背侧滑动。

- 某些类型的垫料，例如两或三层纱布海绵，应将其粘在爪杯的顶端来保护其不受摩擦，并保护主人的地板和地毯，防止破坏（图4.56C）。

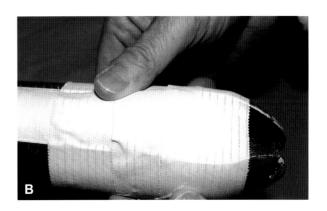

图4.56　引自Small Animal Distal Limb Injuries, Teton New Media。

半"贝壳"夹板

这种夹板用于减轻主要的爪部重建或急诊手术后后肢的压力，如后肢趾骨角（phalangeal fillet）或爪垫的皮肤移植手术。半"贝壳"夹板能够防止刺激跗关节头侧面，使用整个"贝壳"夹板时，当犬将体重施加在夹板上，它的头侧近端会引起这种刺激。

- 放置半"贝壳"夹板的技术与放置"贝壳"夹板相似。但是，后肢不要使用头侧夹板（见前面的"贝壳"夹板）。

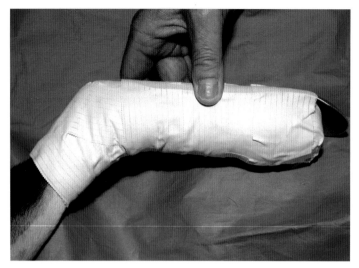

● 夹板延伸到绷带外侧的部分要比"贝壳"夹板的短一些,以提供稳定性(图4.57)。

图4.57　引自Small Animal Distal Limb Injuries, Teton New Media。

■ 护理——主要的重建或爪部修复手术,尤其在大型犬

在更换使用了"贝壳"夹板的前肢包扎/夹板时,应注意掌骨垫的情况。如果出现明显的压迫性损伤,用铸件垫做的面包圈垫要更厚一些,以减轻其上的压力(见本章第51页,基础爪部和肢端包扎,技术,"面包圈"垫)。

当"贝壳"夹板用于后肢时,要观察跗关节的头侧/屈肌面,看看头侧夹板的近端是否造成了压迫性损伤。如果发现这种情况,可以省略掉头侧夹板。如果通过临床判断适合使用半"贝壳"夹板,那么可以使用这种类型。如果认为需要整个"贝壳"的支持,比如大型犬,那么可以将夹板放置在内—外侧面。

■ 优点及并发症——主要的重建或爪部修复手术,尤其在大型犬

"贝壳"夹板的作用是作为整个肢的支撑物。它们将这条腿变成了"趾尖舞蹈"状,由此为重建及急救操作提供了最大化的压力释放,并加快愈合。这种夹板对大型犬尤其有利,如果没有通过夹板减轻或预防的话,大型犬的体重会在修复过程中导致明显的压力。半"贝壳"夹板的优点与"贝壳"夹板一样,它能够防止出现在跗关节头侧/屈肌面的压迫。

"贝壳"夹板的缺点是,如果没有填充足够的铸件垫制成的面包圈垫,它会潜在地引起掌骨垫的压迫性损伤。半"贝壳"夹板的支持效果没有"贝壳"夹板的好。

爪背侧减压

■ 适应证

松紧织物填充包扎可以用于临时填充并覆盖小型犬和猫的爪部。这种覆盖适用于防止因可能通过一段时间恢复的暂时性周围神经损伤,也就是失用性神经损伤造成的爪部姿势异常而导致的摩擦及压迫性

损伤（图4.58）。也可以使用其他商品化夹板和支架。但是，作者（SFS）发现这种包扎在小型犬和猫的效果很好。

■ 技术

• 用一段直径为5.0厘米的棉质或合成矫形松紧织物作为线性铸件，放置在肢端，由掌骨/跖骨近端延伸至趾外侧。剪断松紧织物，在趾外侧保留2.5~5.0厘米（图4.59）。

• 将松紧织物的末端向回折叠至爪部上方。如果损伤在爪背侧则向背侧折，如果在掌/跖面则向腹侧折（图4.60）。

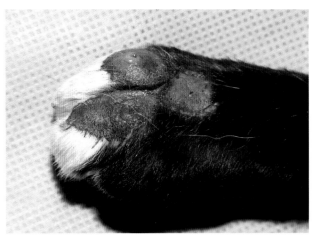

图4.58 一例爪背侧压迫/摩擦性损伤，它适合使用爪背侧减压包扎。引自Small Animal Distal Limb Injuries, Teton New Media。

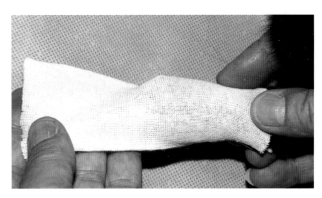

图4.59 引自Small Animal Distal Limb Injuries, Teton New Media。

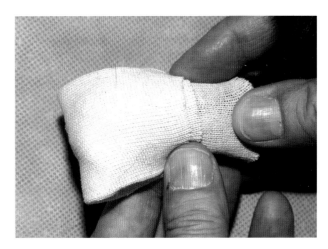

图4.60 引自Small Animal Distal Limb Injuries, Teton New Media。

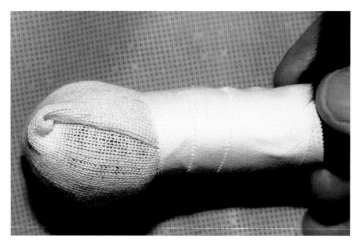

● 用2.5厘米宽的胶带缠绕几圈，将松紧织物的末端固定。松紧织物的近端也用2.5厘米宽的胶带固定，缠绕时将胶带宽度的一半粘在松紧织物上，另一半粘在腿部有毛的皮肤上。这部分胶带可以叠加在第一层胶带上（图4.61）。

图4.61　引自Small Animal Distal Limb Injuries, Teton New Media。

■ 护理

● 应限制动物的运动，并将其限制在较软的地方。保持松紧织物清洁及干燥很重要。

● 要定期观察位于压迫/摩擦损伤处上方松紧织物的磨损情况，判断是否需要更换包扎。

● 可以在松紧织物磨损最严重处放一片防水胶带来延长它的效果，并避免频繁地更换包扎。

■ 优点及并发症

在神经再生、动物可以使爪部姿势恢复正常前，这种包扎为小型犬和猫的病变处提供了三层松紧织物。这种覆盖方法很便宜。但是，由于动物对松紧织物造成磨损，在更大型的犬这是不够的。

腕部悬带

■ 适应证

腕部悬带适用于防止无法移动整肢的前肢负重。当避免负重对于动物来说非常重要，但又不需要固定整肢时，可以暂时使用这种方法。以矫形外科上的应用为例，当骨折修复后但强度还不足以支撑立即行走所受的力时可以使用这种方法。以软组织上的应用为例，爪垫的重建手术或伤口管理可以使用这种方法。悬带可以使肘部和肩部屈曲和伸展，但防止了爪部接触地面。

■ 技术

● 使动物侧卧，患肢朝上。触摸腕部确定弯曲不会造成不适（图4.62）。很多犬随着年龄增大丧失了腕部的活动性，如果腕部长期屈曲可能会引起疼痛。

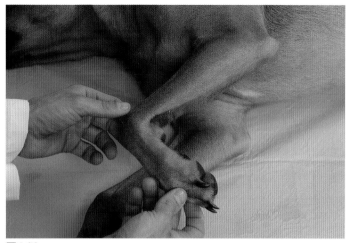

图4.62

● 将腕关节屈曲，但不要超过90°。过度屈曲对于动物来说很不舒服。将铸件垫作为第一层以8字形放置在爪部和前臂末端。避免环绕关节时或在关节下方缠得过多。可以露出中间两趾，用于护理时评估肿胀情况（图4.63，图4.64）。

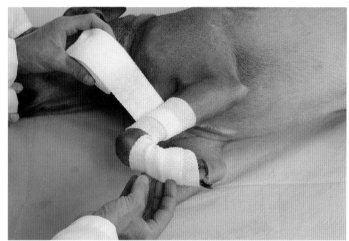

图4.63

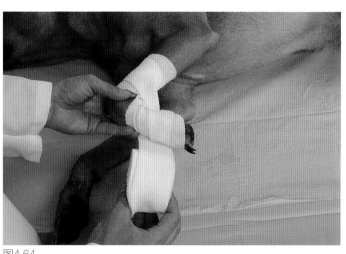

图4.64

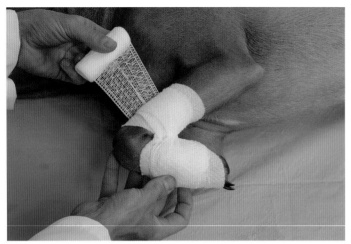

图4.65

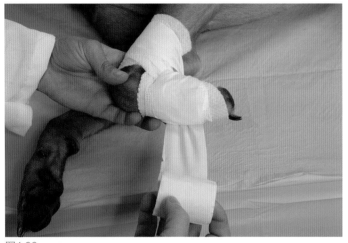

图4.66

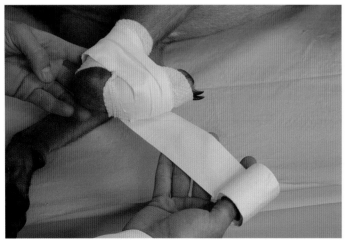

图4.67

- 然后用卷轴纱布做第二层，小心缠绕避免过紧（图4.65）。

- 最后，以同样的8字形方法放置5.0厘米宽的透气胶带，不要有张力（图4.66）。使用同样的胶带，最后一圈环绕整个包扎（图4.67）。

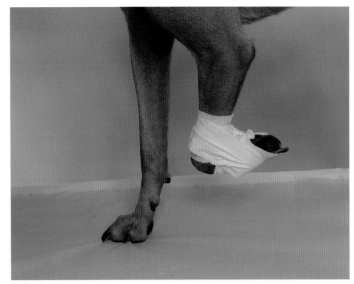

● 之后动物可以舒适地站立，同时悬带不会滑脱（图4.68）。

图4.68

■ 护理

应小心地监测动物，以确定趾部没有肿胀，包扎没有滑脱。使用悬带的时间不要超过2周，那时应每天检查悬带2次。

如果将悬带作为爪垫损伤治疗的一部分，必须定期拆除并重新包扎来进行伤口治疗。

■ 优点及并发症

活动对于关节健康来说非常重要，这种悬带能够允许肘关节及肩关节的活动。这有助于修复后的肘关节骨折。拆除后，悬带会造成腕部的暂时性僵硬。因此，使用时间不能超过两周。最大的并发症是动物使悬带从头侧滑落。不过，这可以通过充足的腕部屈曲以及合理应用8字形技术来避免。

基础前肢夹板

前肢夹板的内容也适用于后肢（见本章基础后肢夹板）。

■ 适应证

夹板可用于多种目的，这包括支持某些骨折或韧带的稳定性或保护手术修复，如位于关节上方的皮瓣。

■ 技术

虽然这项技术中的图片都是前肢夹板，技术原则与后肢夹板相同。夹板可以从很多公司购买或使用玻璃纤维绷带或温度依赖性塑料自制。

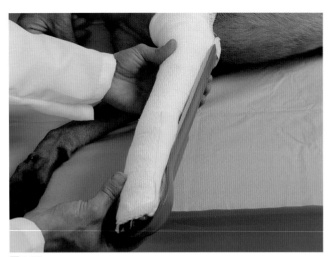

图4.69

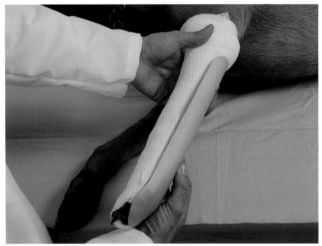

图4.70

- 放置夹板的第一步与软垫包扎相同（见本章第42页，前肢绷带包扎、铸件及夹板；基础软垫四肢包扎）。这步完成后放置卷轴纱布。不用放置最后保护层。

- 在放置卷轴纱布后，选择合适的夹板。如果使用商业产品，无论是塑料还是铝制，确定它与动物的大小及所用垫料的量相称（图4.69，图4.70）。如果需要可以修剪夹板的长度。

- 然后用卷轴纱布将夹板固定在腿上（图4.71，图4.72）。不要将纱布拉变形，放置时要牢固但不要张力过大。

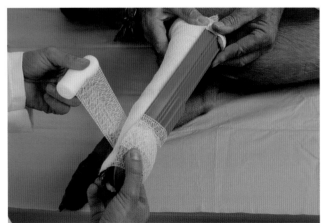

图4.71

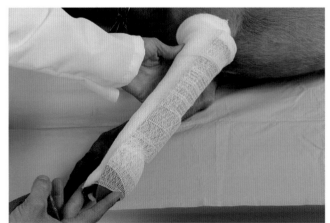

图4.72

- 然后添加最终保护层5厘米宽透气胶带或自粘弹性绷带）（图4.73，图4.74）。

- 如果使用了玻璃纤维塑形绷带，第一步相同。选择的塑形绷带宽度应至少足够覆盖腿部周长的1/3。塑形绷带可以先以卷轴形式浸湿，然后在腿上展开，也可以在弄湿前先在平面上展开。无论哪种方式，在展开时避免伸展塑形绷带非常重要，它会缓慢地回缩，使夹板变得过短。浸湿绷带的水越热，变硬得越快。初学者应使用冷水浸湿绷带。在操作玻璃纤维绷带时最好戴手套，这样绷带上的树脂就不会粘在使用者的皮肤上。

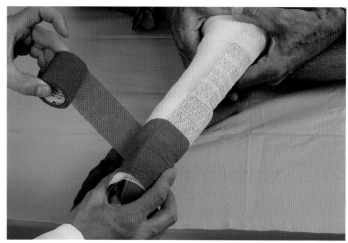

图4.73

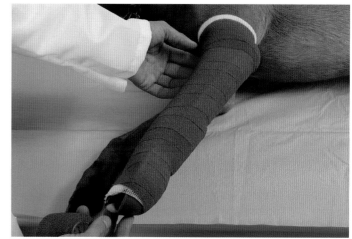

图4.74

- 如果塑形绷带是在卷轴状时被浸湿的，在将卷轴制成夹板前要用水将其彻底浸湿。将卷轴放入水中，然后像舀东西那样将其捞起，这样重力会使绷带向上那面的水穿过绷带向下。在卷轴彻底湿透后，挤出多余的水，这样下层绷带就不会吸附水分（图4.75，图4.76）。

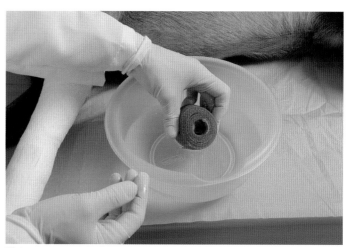

图4.75

图4.76

图4.77

- 将绷带末端固定在腿的一端，然后沿包扎长轴上下数次将其展平，使绷带在包扎上形成几层。继续增加层数直到达到足够的厚度，然后将绷带剪断（图4.77）。

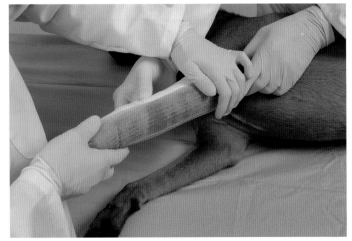

图4.78

- 将绷带仔细地弄平，并按照腿的形态塑形（图4.78）。在其干透前，用卷轴纱布将夹板固定在腿上（图4.79，图4.80）。这对于使玻璃纤维绷带的所有层相互结合在一起来说很重要。因此，在玻璃纤维绷带硬化时，要避免患病动物或夹板的移动。此外，应避免用手指或桌子的边缘压迫硬化中的夹板，因为压痕会导致压迫性褥疮。

图4.79

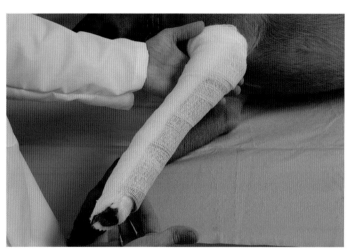

图4.80

● 当夹板变硬后，用5厘米宽的透气胶带或自粘弹性绷带作为外侧保护层（图4.81）。

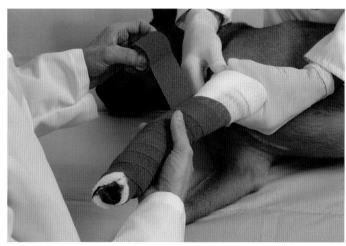

图4.81

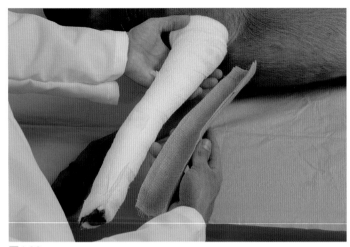

图4.82

● 如果需要更换包扎，夹板保持完整则可重复利用（图4.82）。

■ 护理

应仔细监测包扎和夹板，保持清洁和干燥，不要让动物去舔或咬。要检查露出的两趾有没有肿胀（两趾互相分开），肿胀表明包扎太紧，需要更换。如果动物对腿的使用减少，应联系兽医。

如果包扎和夹板用于治疗引流的伤口，需要定期更换包扎（见本章第42页，前肢绷带包扎、铸件及夹板；基础软垫四肢包扎）。

■ 优点及并发症

包扎中所用的软垫包扎部分很容易使用，它能够提供一些支持并保护各种情况。添加夹板能够提供额外适度的稳定性，它很容易放置和拆除。当伤口管理需要制动时，联合使用包扎和夹板是一种对关节进行制动的好方法。常见并发症包括包扎和夹板滑脱、压迫性伤口和动物破坏。如果怀疑出现以上任何一种情况，应更换包扎和夹板。每个部位的包扎都有其自身的优点和并发症（见本章第42页，前肢绷带包扎、铸件及夹板；基础软垫四肢包扎）。

基础前肢铸件

后肢铸件的内容也适用于前肢（见本章后肢包扎、铸件和夹板；基础后肢铸件）。

人字形绷带和外侧夹板

■ 适应证

人字形绷带和夹板是一种用于将前肢整肢以伸展形态制动的方法。当需要对前肢进行适当制动时，可以使用这种绷带和夹板。它尤其适用于上肢制动。某些适应证包括肩胛骨骨折或用来支持肘关节脱位术后的稳定性。另外，人字形绷带和夹板也适用于保守治疗外侧肩关节脱位或为手术修复提供支持。它不推荐用于管理内侧肩关节脱位。

对于软组织损伤，人字形绷带和夹板主要适用于管理肘部上方的伤口，如肘关节黏液囊肿以及鹰嘴上方开放或闭合的伤口。这些部位的伤口愈合需要伸展和制动，人字形绷带和夹板可以起到这种效果。伸展使动物无法屈肘及保持俯卧，这会在该处产生压力。制动使组织无法活动，这样它们可以愈合。

■ 技术

人字形绷带和夹板利用了标准包扎材料，并由玻璃纤维塑形材料或铝制夹板条组成。绷带和夹板可以在动物站立或患肢向上侧卧时放置。动物站立时操作起来通常更容易，但是需要动物在一定程度上保持合作。如果动物侧卧，则需要频繁地将其抬起，使包扎材料环绕胸部。当动物麻醉时，需要小心避免过紧，这会妨碍胸壁的活动和呼吸。

• 使用人字形绷带及夹板时，开始先用铸件垫缠绕数层。包扎应起于趾部，然后沿腿部向上，就像普通软垫包扎一样（图4.83）。

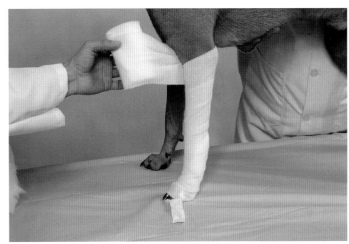

图4.83

• 铸件垫继续覆盖动物的背部，并环绕腿前和腿后的胸部（图4.84，图4.85）。

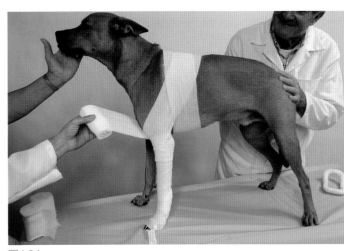

图4.84

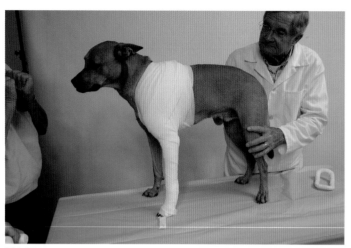

图4.85

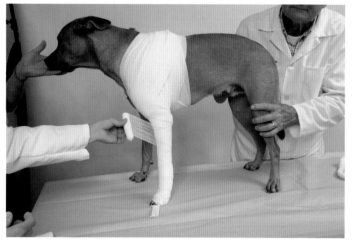

图4.86

- 缠绕所有层时都应注意避免将环绕胸部的绷带缠得太紧。缠绕两到三层后，在铸件垫的外侧再包扎一层卷轴纱布来固定绷带（图4.86）。

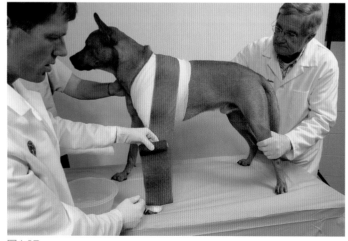

图4.87

- 玻璃纤维塑形绷带是用作夹板的最好材料。在浸湿前，沿着趾部至肩部以上将其展开成适当的长度，如图将其在患病动物身上展开（图4.87）。另外，也可用一段细长的铝条沿趾部到肩部上方弯成细长的圈。使其尽可能与腿外侧面的弧度一致。

- 塑形绷带应延伸至背部，并稍向下至胸壁的对侧面，对腿部进行适当制动（图4.88）。

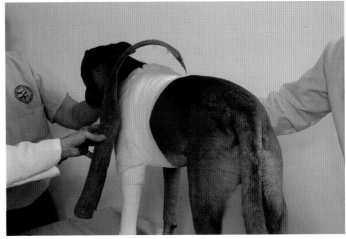

图4.88

- 塑形绷带应做得足够宽，足以覆盖肩部外侧面，并稍稍延伸包绕肩关节的头侧（图4.89）。

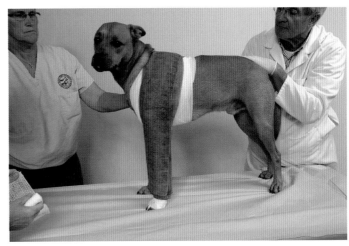

图4.89

- 用另一层卷轴纱布将塑形材料或铝条圈固定。如果使用塑形材料，使其干燥（图4.90，图4.91）。非常重要的一点是，如果使用了玻璃纤维绷带，在夹板干燥过程中不要让动物移动。

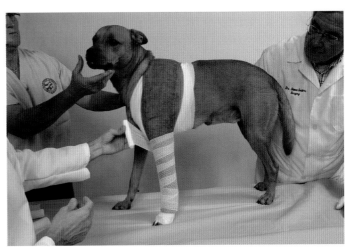

图4.90

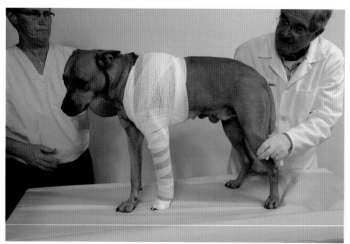

图4.91

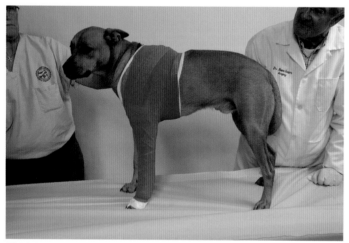

图4.92

- 最后，在夹板外侧缠绕保护性外层，避免过度张力（图4.92）。
- 如果夹板作为肘部上方伤口治疗的一部分，可以在该处上方的夹板和绷带上剪一个窗，允许对伤口进行护理。

■ **护理**

密切监测绷带和夹板。观察非常重要，它可以确定动物的呼吸有没有问题，也可以确定绷带和夹板或下面的腿有没有滑动。如果腿看起来活动过度，肩前部可能已经滑到夹板头侧的外面。

在护理肘部上方的伤口时，通过夹板和绷带上的窗孔进行治疗。每次治疗后，在窗孔上放一个小绷带。如果对伤口进行灌洗，要采取一定的措施来避免弄湿窗孔周围的包扎材料。

■ **优点及并发症**

人字形绷带和夹板为整个前肢提供了一种良好的制动方法。它并不是提供刚性支承，所以它并不足以对大部分肩关节以下的骨折进行制动。如果使用铝夹板圈作为外侧夹板，它并不能为肩部前方提供制动，对动物来说也不舒服。

由于长度和制动性，夹板对动物来说多少有点难以控制。大多数动物在几天后会适应夹板，但有些则无法忍受。需要进行特殊护理来确保动物不会变为无法站立的侧卧位。这在那些肥胖或虚弱的动物尤其可能出现。

　　当夹板用于治疗肘部上方的软组织伤口时，它为软组织愈合提供了所需的制动和伸展。当在肘部做了窗孔时，它保留了包扎材料，因此每天只需更换伤口上的一部分绷带。如果在伤口护理时弄湿了窗孔周围的绷带，它会变为细菌生长的来源。因此，在清洁伤口表面时需格外注意。

铝条圈肘部夹板

■ 适应证
其他用于对肘部进行制动的方法是使用铝条制作的头侧夹板。夹板主要适用于对肘部进行制动和伸展，为肘部软组织伤口的愈合提供支持，例如肘部黏液囊肿及鹰嘴上的开放或闭合的伤口。夹板不会限制肩关节的活动。

■ 技术
可以在患病动物站立或患肢向上侧卧时放置夹板。位置的选择需要依据动物的体形。

- 如果该处存在开放或闭合性伤口，在伤口上放置适当的药物和第一包扎层。
- 沿肘部周围缠绕软垫包扎第二层。对于腿部长、瘦的动物，包扎延伸并止于腋下。对于其他动物，需要继续缠绕至肩部上方，并环绕胸部形成人字形绷带（图4.93；见本章第78页，人字形绷带及外侧夹板）。

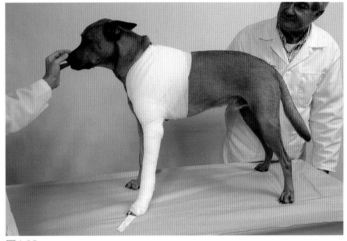
图4.93

- 将一段大小合适的铝夹板弯成一个窄长方形，在长方形长边的中点处弯出一个角度（图4.94）。

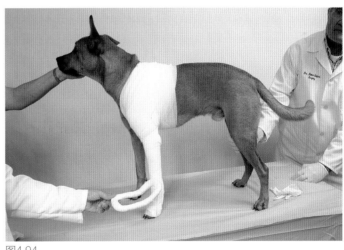
图4.94

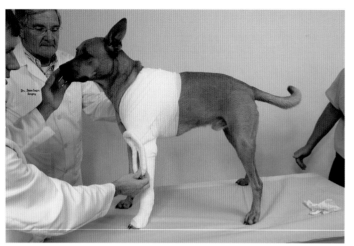

图4.95

- 夹板应与自然站立时肘部的角度相符，并可以紧贴在包扎上，夹板的弯曲处位于肘部的弯曲处（图4.95）。然后用卷轴纱布固定夹板并作为外侧保护层。
- 如果需要治疗肘部上方的伤口，可以在伤口上剪一个窗孔用于治疗。

■ 护理

应仔细监测绷带和夹板。要密切观察动物，注意它是否愿意用这条腿负重，这可以证明是否发生了滑动或形成绷带性褥疮。对于这种病例，应更换绷带和夹板。

如果正在治疗肘部的伤口，通过绷带上的窗孔进行治疗。每次治疗后在窗孔上放一个小绷带。如果对伤口进行灌洗，要采取措施以避免弄湿窗孔周围的包扎材料。

■ 优点及并发症

这种绷带和夹板很容易使用，由于不会妨碍肩关节的活动，它比人字形绷带和夹板的耐受性更好。它为软组织愈合提供了必要的制动和伸展。当在肘部上方剪出窗孔后，可以保留包扎材料，因为每天只需更换伤口上方的一部分绷带。如果在伤口护理时弄湿了窗孔周围的包扎，它会成为细菌生长的来源。因此，应该小心地清洁伤口表面。

Velpeau悬带

■ 适应证

Velpeau悬带可用于防止不同情况下的前肢负重。如果仅用于防止负重，例如在进行了爪垫移植后，腕部悬带可能比Velpeau悬带更舒服，因为后者使腕部和肘部弯曲过紧（见本章第70页，腕部悬带）。

Velpeau悬带还有助于使肱骨近端向外展，由此可用于管理肩关节内侧脱位。这种外展效果使其不适用于肩关节外侧脱位以及某些肩胛骨骨折。

■ 技术

Velpeau悬带使前肢保持屈曲状态，并紧贴动物的胸部（图4.96）。悬带使用标准层材料，以便起到填充、支持和保护作用。悬带可在动物站立时或患肢向上侧卧时放置。动物站立时包扎更简单，但这需要患病动物一定程度的配合。

图4.96　前肢被摆为Velpeau悬带包扎后维持的样子。

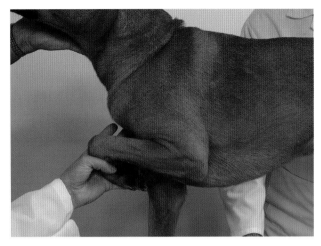

图4.96

　　当动物侧卧时，需要经常将胸部抬起使包扎材料穿过。当动物麻醉时，必须小心，避免过紧，否则会妨碍胸壁的活动和呼吸。

- 使用Velpeau悬带时，开始先用铸件垫围绕肢端进行缠绕至腕部，缠绕2～3次（图4.97）。

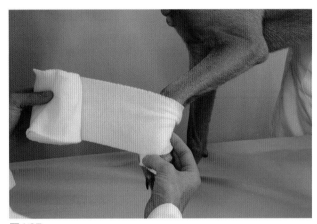

图4.97

- 在将腿保持至想要屈曲的位置后，将铸件垫向上环绕至动物的背侧，并环绕胸部向回至腿部，保持其处在屈曲位置并紧贴胸部（图4.98）。

图4.98

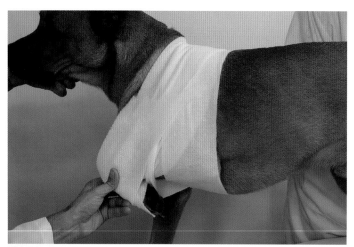

图4.99

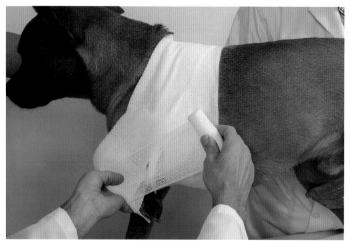

图4.100

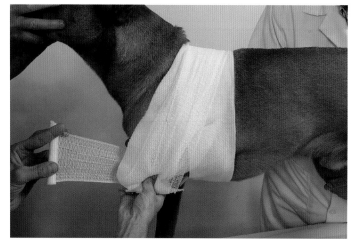

图4.101

- 继续缠绕2～3层铸件垫，覆盖胸部、屈曲的腿部以及腕关节前部（图4.99）。

- 用卷轴纱布或白胶带在第一层上以同样方法缠绕（图4.100）。

- 需要注意，确保缠绕的材料支持腕前部，这样腿部就无法向前从悬带头侧滑出（图4.101）。

● 最后，用5厘米宽的透气胶带或自黏弹
性绷带作为悬带的保护性外层（图4.102）。

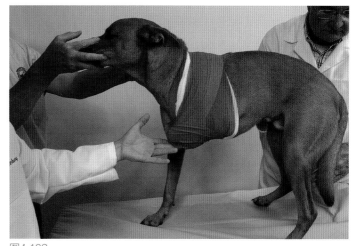

图4.102

■ 护理

应密切监测悬带。一定要仔细确认动物没有出现任何呼吸问题，没有出现悬带滑动或腿下移。悬带
的留置时间仅与治疗原发问题的时间一致。不过，保留超过两周也可能出现问题。拆除悬带后，在数周
内活动应逐步增加，使组织能够调整并恢复活动性。

■ 优点及并发症

Velpeau悬带提供了一种牢固的前肢制动方法。但是，它受到一定限制，并可能首先对动物造成轻微
不适。如果包得太紧，会影响胸壁的活动性，引起呼吸窘迫。如果屈曲的腕关节及爪部受到弹性纱布或
胶带的压迫，如果悬带松脱或滑动，或之前爪部存在血流障碍，皮肤和下层结构可能发生坏死。由于腿
部所有关节均被制动，软骨健康受损，在拆除悬带后可能出现跛行。如果悬带使用时间超过2周，因前
肢关节严重屈曲会发生关节挛缩。

当试图对猫的腋部进行制动，以支持该处伤口的愈合时，原则上可以使用Velpeau悬带；但是，猫对这
种悬带的耐受性非常有限。有一位作者（SFS）发现，将猫放在笼子和纸箱内，对腋部进行制动的效果最
好。在猫笼内放一个足够可以容纳猫的盒子，盒子的正面向下。猫喜欢进到盒子内，并以俯卧姿势趴在盒
子内，此时所有的腿都处在屈曲状态，因此增加了腋部的制动性。大开口的纸袋也能够达到这个目的。

后肢绷带包扎、铸件及夹板

基础软垫腿部绷带包扎

前肢基础软垫腿部绷带包扎的内容也适用于后肢（见本章前肢绷带包扎、铸件及夹板；基础软垫腿
部绷带包扎）。

基础后肢夹板

前肢夹板的内容也适用于后肢（见本章基础前肢夹板）。

基础后肢铸件

后肢铸件的内容也适用于前肢（见本章基础前肢铸件）。

■ 适应证

铸件可用于处理腿部各部位制动所需的不同情况。虽然铸件不能为骨骼提供强硬的稳定性，但支持度通常足以允许所选择的骨折的愈合。另外，铸件可用于提供某些病例的术后支持，例如关节固定术或软组织重建。如果需要，可以将铸件沿纵轴劈开成两等份（"双瓣"）再重新使用。这种方法适用于铸件被用于制动需要定期治疗或检查并调节腿部肿胀的伤口（见下面的优点及并发症）。夹板铸件的一半可作为夹板使用。但是相比于整个铸件，这会降低稳定性。

■ 技术

虽然这里提供的图片都是关于后肢铸件的，但技术原则与前肢铸件相同。

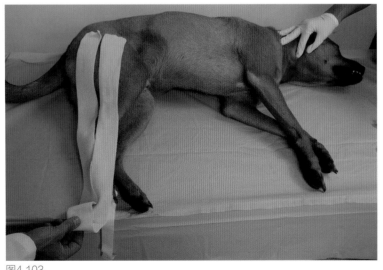

图4.103

- 进行塑形的开始阶段与软垫包扎相似。但是有一些重要的区别。放置胶带"马镫"以及在趾间和爪垫间填充棉片与软垫包扎相同（见本章第42页，前肢包扎及夹板，基础软垫包扎）。

- 铸件规则：在进行塑形期间，要使腿保持自然伸展位，每个关节都自然屈曲。

- 剪一段网状织物，其长度为所需塑形腿长度的2倍。测量长度时，近端应由需要塑形的最近端延伸5.0~7.6厘米处开始，然后延伸至超过趾部同样的距离处（图4.103）。

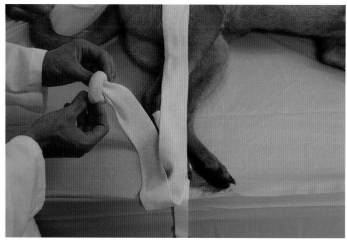

图4.104

● 使网状织物翻转重叠后，形成双层，套在腿上。作者（WCR）发现从网状织物的一边用常规方法卷起其长度的一半（图4.104）以及从对侧端将其卷到自身内很容易做到这点（图4.105）。

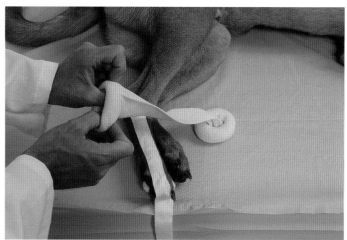

图4.105

● 然后将末端被常规卷起的网状织物套在腿上。这样剩下的部分就很容易在第一层上展开（图4.106，图4.107，图4.108）。必须在趾末端以外留下几厘米的网状织物。

● 同软垫包扎中描述的一样，在骨骼突出处放置"面包圈"垫。这种面包圈垫通常放置在网状织物下方。这样网状织物能够使其固定。在放置剩下的包扎层时，防止它们滑脱很重要。

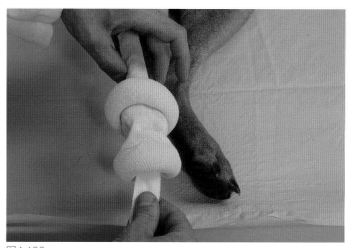

图4.106

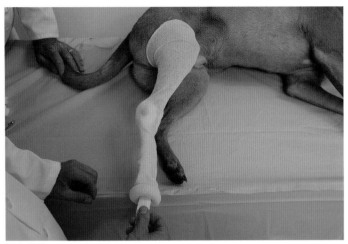

图4.107

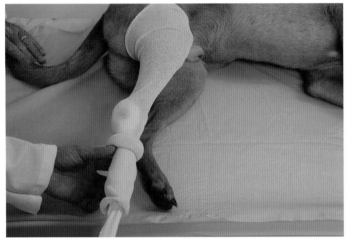

图4.108

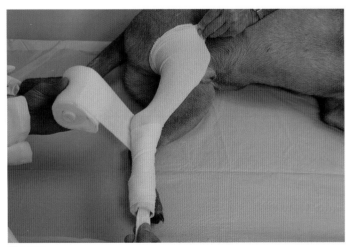

图4.109

- 将铸件垫（图4.109）以及之后的卷轴纱布（图4.110）如软垫包扎中描述的那样放置在网状织物外侧。通常，大约3~4层铸件垫就足够了（需要记住通过相互叠加50%，每"层"包扎材料实际上增加了两层厚的材料）。网状织物应当露在包扎的两端之外（图4.111）。

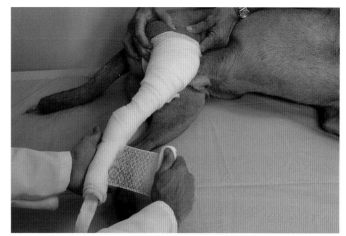

图4.110

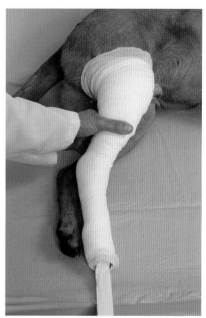

图4.111

• 应该带上检查手套，使用玻璃纤维绷带时要彻底浸透。温水会导致铸件成型得更快。因此，初学者应使用凉一些的水，使包扎时能够有更多时间。重要的是让卷轴的最内层都浸透水。将卷轴放在水中，然后像舀东西那样将其捞起，这样重力会使绷带向上那面的水穿过绷带向下。在完全渗透后，挤压卷轴排出多余水分，这样下层的绷带就不会吸附水分（图4.112）。

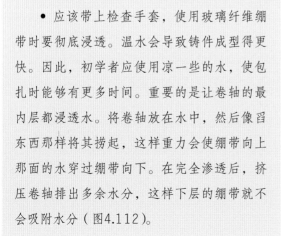

图4.112

图4.113

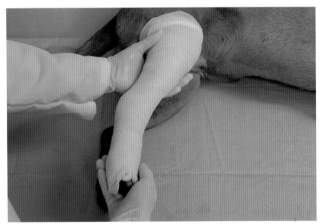

图4.114

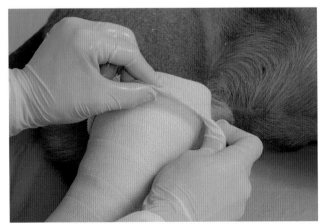

图4.115

- 由远端至近端缠绕塑形绷带，注意每一次缠绕时叠加50%，并避免起皱（图4.113）。需要注意，缠绕时不要在绷带上施加张力，这会导致铸件变得过紧。

- 铸件层的末端应与趾部末端相平，下层超出玻璃纤维绷带外2.5~5.0厘米。
- 缠绕其他几卷塑形绷带，直到达到所需厚度。最后应得到一个每层与下层结合在一起的平滑铸件（图4.114）。

- 在铸件硬化前，将网状织物和铸件垫拉到铸件的两端之上，在铸件末端做出一个填充后的边缘（图4.115）。

- 使铸件硬化。在硬化期间，需注意不要让手指或硬的支撑物（桌子边缘等）挤压铸件，这样容易出现压迫性伤口。

- 将"马镫"向上折，贴在铸件的末端。在铸件硬化后，用5厘米宽的透气胶带或自黏弹性绷带作为最后保护层（图4.116）。

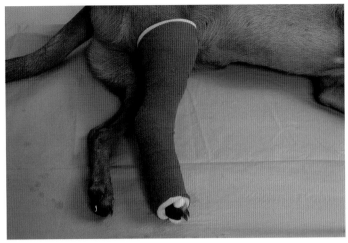

图4.116

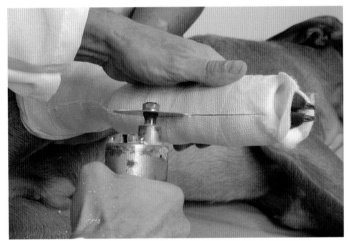

图4.117

- "劈开"铸件：用铸件切割锯来做瓣状铸件，这样可以定期拆除和重复使用。用铸件切割锯沿前肢外侧和内侧面的长轴或后肢头侧和尾侧面的长轴劈开铸件（图4.117）。铸件分离器有助于将两部分铸件分开（图4.118，图4.119）。有时两半铸件可再次使用（图4.120）。

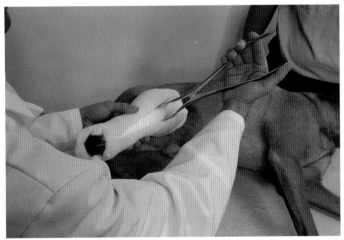

图4.118

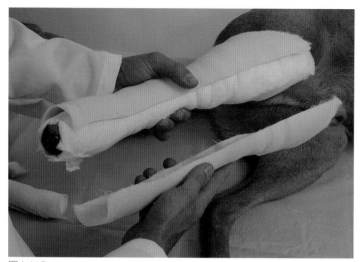

图4.119

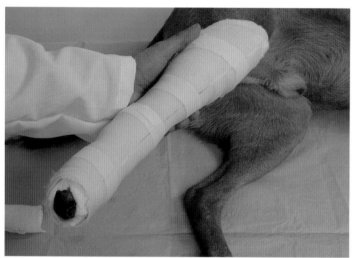

图4.120

■ **护理**

要仔细监测铸件。保持清洁和干燥，不要让动物舔或咬它。应检查露出的两趾有没有肿胀（脚趾分离），肿胀意味着铸件过紧并且需要更换或劈开。如果动物对腿的使用减少，应联系兽医。

如果铸件用于制动引流的伤口，需要定期更换包扎。因此，需要使用开裂铸件，使其能够定期更换（见本章前肢绷带包扎、铸件和夹板；基础软垫腿部绷带包扎）。另外，铸件的一半可作为腿部夹板，用于伤口的对侧。

■ **优点及并发症**

铸件为腿部提供了最坚固的稳定性。因为它很硬，并且由于可能需要长期放置，铸件会导致压迫性伤口，尤其在骨骼突出处上方。早期检查是防止发生严重问题的关键。如果有任何情况证明问题已经发生（也就是铸件变湿或变脏，铸件上出现斑点，铸件散发恶臭，腿的使用度下降或舔咬铸件），应拆除铸件并检查腿部。如果需要，在放置了新内层包扎层后，重新放置两个瓣状铸件。出现的压迫性伤口需要注意，并进行调整来防止铸件造成的进一步压迫，例如，不要将铸件直接放在伤口上。举个例子，当使用劈开并拆除的铸件时，铸件的一半可用在腿的对侧面作为夹板，或者可以考虑在伤口上方的铸件上切一个窗孔。

早期将铸件放在造成未错位骨折性创伤的腿部具有潜在的并发症。放置了铸件时，没有容纳受伤后最初几天产生的水肿的空间。因此，被限制在铸件内的腿部肿胀会影响血管。最后导致软组织局部缺血性坏死。对于某些病例，应考虑使用瓣状铸件直至肿胀消退。

Ehmer悬带

■ 适应证

Ehmer悬带用于在进行了前—背侧髋关节脱位闭合性整复后，将股骨头维持在髋臼窝内。它不能用于支持腹侧脱位的整复。

在放置Ehmer悬带前，为了使之最大程度成功，选择适当的病例非常重要。对于慢性脱位、结构不良、关节撕脱或其他损伤的动物，通常都不适合选择髋关节脱位闭合性整复。另外，在关节复位时选择恰当的技术至关重要。

■ 技术

这种悬带能够使腿部内旋，臀部屈曲以及腿部外展。通常在动物患肢向上侧卧时进行包扎。使腿屈曲，同时下肢轻度内旋。

• 先用铸件垫环绕跗骨处做2~3层包扎（图4.121）。

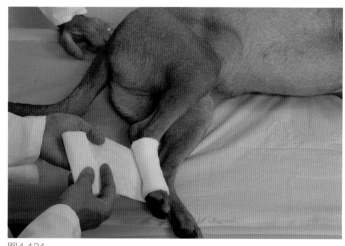

图4.121

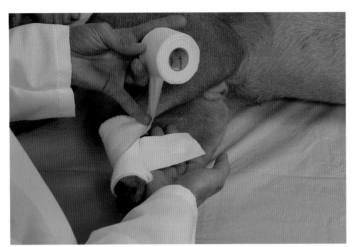

图4.122

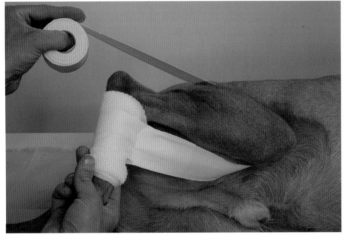

图4.123

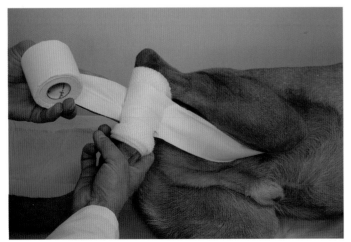

图4.124

- 用5厘米宽的透气胶带做剩下的包扎。首先将胶带缠绕在距骨处，使其环绕尾侧面，胶带的黏性面贴在第一层上。将胶带缠向头侧，这样胶带的黏面会在头侧贴在一起（图4.122）。因此，胶带不能完全环绕距骨处。这种技术有助于防止将环绕距骨处的胶带缠得太紧。

- 将胶带拉开，黏性面贴住动物，向上至小腿的内侧面，在膝关节上方环绕大腿的头侧（图4.123）。

- 之后胶带继续环绕小腿的尾侧面至跗关节的内侧，然后到达距骨尾侧结束（图4.124，图4.125）。这层可以重复。在完成这部分包扎后，可以看到小腿的外侧面（也就是没有胶带穿过跗关节外侧面）。应保持内旋。

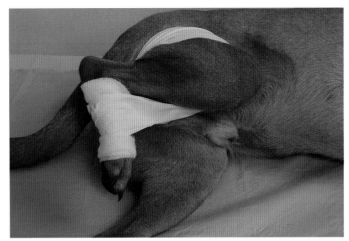

图4.125

- 悬带的腹部支持部分由跖骨处开始，胶带缠绕方法与之前所述一致（图4.126）。

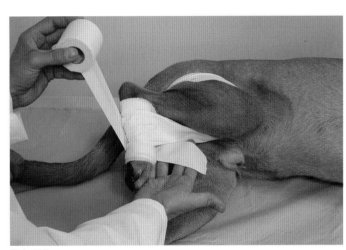

图4.126

- 将胶带沿腿的外侧面向上拉至动物背部。为了避免皮肤移动，这会导致动物站立后腿向下滑，在粘贴胶带前，轻轻地向腹侧拉躯干皮肤（箭）（图4.127）。

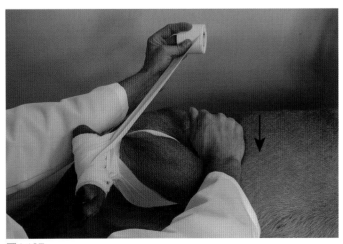

图4.127

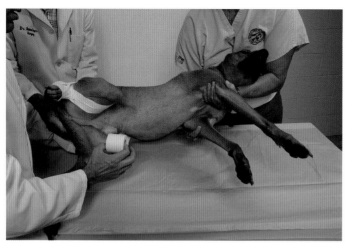

图4.128

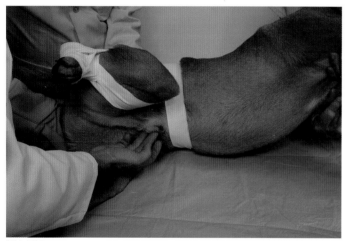

图4.129

- 胶带继续环绕动物的对侧，并向动物腹侧缠绕（图4.128）。在雄性犬要注意，使胶带位于包皮的头侧（图4.129）。

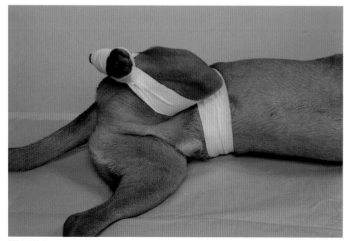

图4.130

- 重复做该层。完成后，腿部应外展并屈曲，并伴有轻度内旋（图4.130，图4.131）。

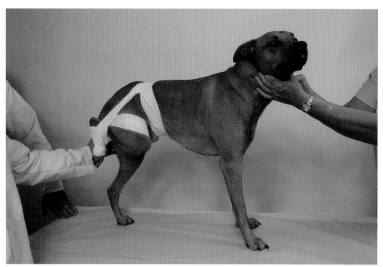

图4.131

■ 护理

比起某些其他包扎，Ehmer悬带极易引起绷带相关性伤口，这是因为所使用处的皮肤较薄并且胶带直接接触皮肤。需要进行特殊护理，注意悬带滑动以及发展为绷带相关性伤口。有一处需要观察压迫性伤口的特别部位是跖骨处的尾侧面。如果出现任何伤口，需要立即调整或拆除悬带。

建议找兽医复查，悬带保留时间不要超过10 ～14天。因为胶带直接接触皮肤，拆除悬带时会使动物不适。可以使用商业化产品拆除黏性胶带包扎。拆除后，动物应再被限制2 ～4周，直至腿的活动范围恢复。

拆除Ehmer悬带后，动物可能会因僵直而有一两天不使用这条腿，不要强制动物使用这条腿，但是要确认髋关节还位于原处。动物应该每天都会改善。

■ 优点及并发症

Ehmer悬带为前—背侧髋关节脱位后造成松弛产生的反向趋势起到了所需的定位作用。这种定位禁止用于其他方向的脱位。Ehmer悬带会导致绷带相关性伤口，所以需要仔细注意跟腱处、跖骨尾侧、腹股沟和大腿内侧及小腿处。

90/90悬带

■ 适应证

90/90悬带是用于防止后肢负重和/或使跗关节及膝关节屈曲的方法。因此，它适用于治疗需要提供这些条件的矫形问题。对于进行了明显爪垫手术的爪部，如爪垫移植，应考虑防止负重。

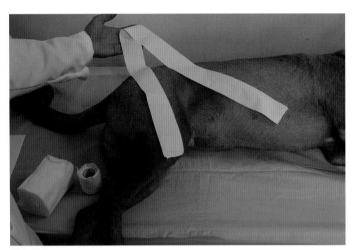

图4.132

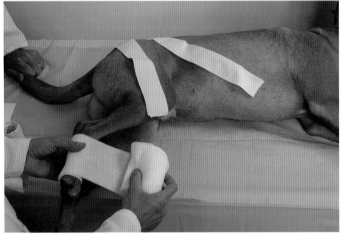

图4.133

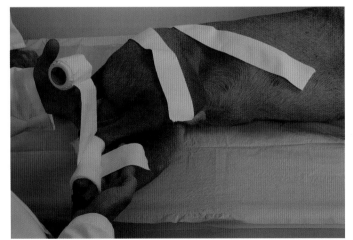

图4.134

■ **技术**

• 动物患肢在上侧卧。

• 将一段5厘米宽的胶带留做之后使用（图4.132）。

• 在包扎开始前先环绕跗骨处覆盖2~3层铸件垫（图4.133）。

• 用5厘米宽的透气胶带做剩下的包扎。首先将胶带缠在跗骨处，使其环绕尾侧面，胶带的黏性面贴在第一层上。通过将胶带的头侧贴在一起将胶带拉向头侧（图4.134，图4.135）。因此，胶带不能完全环绕跗骨处。这种技术有助于防止将环绕跗骨处的胶带缠得太紧。

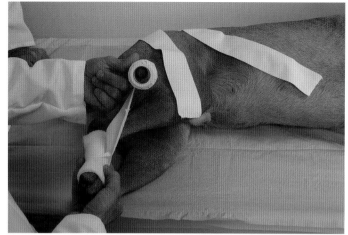

图4.135

- 将之前保留的那段胶带（见上）位于股骨处的那部分黏性面向上。
- 使跗关节和膝关节屈曲，将起始于跗骨处的胶带沿小腿的外侧面拉伸并环绕股骨处的头侧面，黏性面紧贴动物（图4.136）。这段胶带要以90°角穿过保留的胶带。保留的胶带要越过胶带交叉处向腹侧延伸10~15.2厘米。

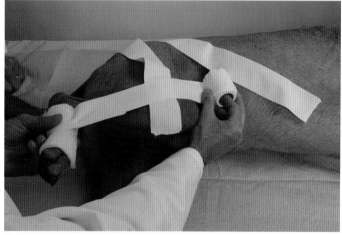

图4.136

- 之后将起始于跗骨的胶带向下拉至小腿的内侧面，再往回环绕跗关节的尾侧面（图4.137）。重复这层包扎。

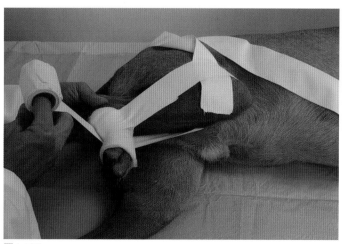

图4.137

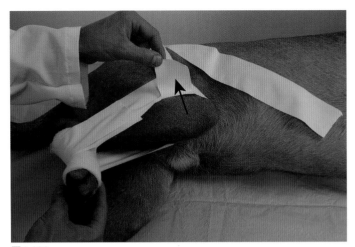

图4.138

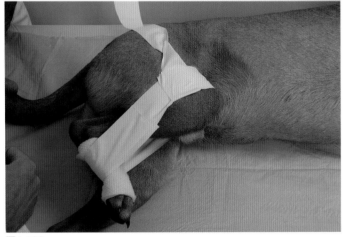

图4.139

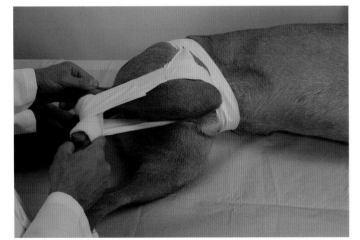

图4.140

- 将保留的胶带的腹侧缘向上折叠来固定其与起始于跖骨部胶带的连接处（图4.138）。

- 现在将这段胶带旋转，使黏性面紧贴患病动物。它由股骨部向上并环绕动物的背侧（图4.139）。

- 将其由另一端向下拉，并环绕腹部，方法与Ehmer悬带相似。
- 在公犬，仔细确认胶带不要妨碍包皮（图4.140）。

• 最终动物站立时，悬带应维持跗关节及膝关节屈曲（图4.141）。

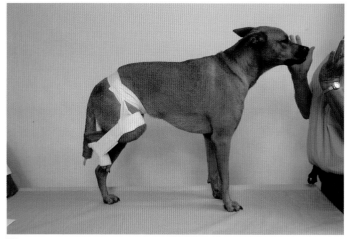

图4.141

■ 护理

比起某些其他包扎，90/90悬带极易引起绷带相关性伤口，这是因为所使用处的皮肤较薄，并且胶带直接接触皮肤。需要进行特殊护理，注意悬带滑动以及发展为绷带相关性伤口。有一处需要观察压迫性伤口的特别部位是跖骨处的尾侧面。如果出现任何伤口，需要立即调整或拆除悬带。

建议找兽医复查，悬带保留的时间不要超过10～14天。拆除悬带时会使动物不适，因为胶带直接接触皮肤。可以使用商业化产品拆除黏性胶带包扎。

拆除悬带后，动物可能会因僵直而有一两天不使用这条腿。腿的使用会随时间逐渐增加。

■ 优点及并发症

90/90悬带基本没有并发症，并且比Ehmer悬带更舒适。它作为限制后肢负重的良好方法来使用，并能够维持腿部大多数关节的屈曲。它不允许有活动范围，并易于引起绷带相关性伤口。

打包绷带

■ 适应证

打包绷带可用于保护后肢近端开放、缝合或移植的伤口。这种绷带还可用于骨盆部的伤口。

■ 技术

见第3章胸部、腹部打包绷带。

■ 护理

见第3章，胸部、腹部打包绷带。

■ 优点及并发症

打包绷带的主要优点是它是一种非常经济的包扎类型。腿部近端或躯干处的环绕型包扎所需的大量第二和第三层包扎材料在打包绷带都不需要。将脐带绷带或弹性带打结后提供的向心力可以在治疗开放性伤口时提供伤口收缩。

打包绷带的潜在并发症为：如果打包带系得太紧，线圈可能勒入皮肤。包扎的第二层可能被污染。但是，在包扎上放置胶带或某些非渗透性材料能够降低出现这种并发症的机会。

应考虑使用物理制动装置来阻止动物干扰包扎、铸件或夹板。当动物无人看管时，尤其需要这样做。

伊莉莎白脖圈

伊莉莎白脖圈是保持动物的牙齿和舌头远离由尾至头的包扎、铸件或夹板的有效方法。它们也可以有效地防止爪部远离头部包扎。合适尺寸、基部有环可以放置项圈或长纱布的塑料伊莉莎白脖圈是最有效类型的脖圈（图5.1）。

图5.1　通过伊莉莎白脖圈的环连接在犬皮项圈上的塑料伊莉莎白脖圈。

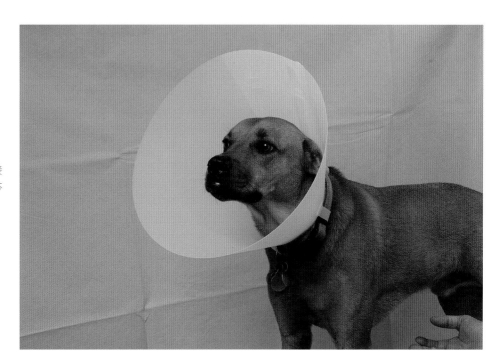

由于脖圈延伸超过动物的嘴部，这样动物可能难从地上的食盆中进食或饮水。应观察动物是否出现这样的问题。如果出现这个问题，可以尝试很多种方法。可能需要抬高食盆，也可以试着使用能够纳入脖圈内的小一些的深食盆，第三，可以先摘掉脖圈，然后在动物进食及饮水后重新戴上。

对于小型犬，可以将大塑料盆改装后，用和伊丽莎白脖圈相同的方式使用。

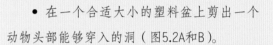

- 在一个合适大小的塑料盆上剪出一个动物头部能够穿入的洞（图5.2A和B）。

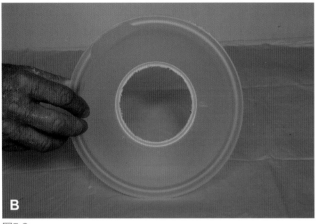

图5.2

- 环绕头穿过的洞周围，等距离剪出4个小洞，用一条长纱布穿过这些洞（图5.3）。

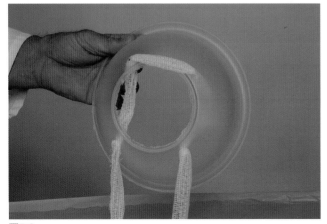

图5.3

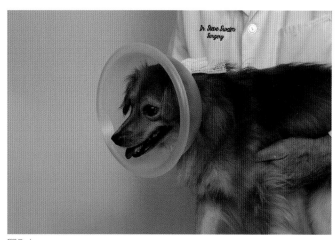

• 将犬的头穿过大洞，然后纱布打结将盆固定（图5.4）。

图5.4

塑料环绕型脖圈

带扣的硬质、塑料环绕型脖圈（Bite Not Collar，Bite Not Products，San Francisco，CA）可以环绕动物的颈部放置。有多种尺寸供选择，从紧贴耳部后方至肩部。它们有一条编织带，可以紧贴前肢后方环绕胸部。这样防止脖圈从动物的头部脱落（图5.5）。

图5.5 具有围绕胸部的编织带的塑料环绕型脖圈，防止脖圈从动物的头部脱落。

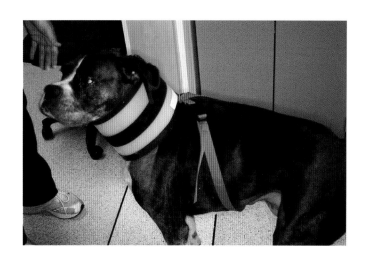

这种脖圈能起到防止动物干扰尾侧至肩部区域的作用。不过，它们不能保护头部包扎。它们可能无法保护肢端不受动物干扰。每天应脱下脖圈检查下方是否出现皮炎。

毛巾脖圈

大的毛巾布浴巾可与Bite Not Collar以同样的方式使用。

图5.6

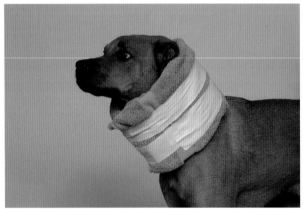

图5.7

- 将大毛巾布浴巾折叠，使其宽边由犬的耳后延伸至肩部。折叠后的毛巾环绕犬的颈部（图5.6）。

- 用两条5厘米宽的胶带环绕毛巾将其固定。应小心不要将其缠得太紧（图5.7）。

嘴罩

嘴罩可以保护包扎、铸件及夹板远离牙齿和舌头。不要使用临时用于保护操作人员不被动物咬伤所用的布制和皮制嘴罩。它们会被唾液浸湿，很脏并且不卫生。它们还会妨碍犬的呼吸及呕吐能力，例如镇定后。应使用金属网型篮状嘴罩。

金属网和塑料篮状嘴罩可以制成不同大小，并且可以得到商业化产品（图5.8）。如果犬想要用前爪将嘴罩从它的鼻子上拉下，可以用一条2.5厘米宽的胶带沿纵轴折叠来防止这种现象发生。这条胶带从鼻部上方的嘴罩处延伸至耳后并打结。这样，它可以隐藏在两眼之间。如果嘴罩摩擦脸侧并引起损伤，应考虑使用更大一些的嘴罩。但是，如果损伤是由于犬的活动造成的，可以用一小块脱脂棉垫在嘴罩处，并用一些胶带固定。

侧吊带

用铝制夹板棒制成的侧吊带可用于使犬远离它的后肢。

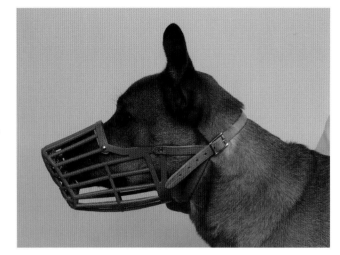

图5.8　戴着塑料篮状嘴罩的大型犬。

● 选择合适尺寸的铝制夹板条。围绕一个与需使用的犬颈基部直径近似的物体，由其中点处向内弯曲成环状（图5.9 A、B和C）。

图5.9

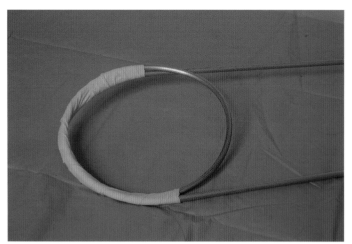

图5.10

图5.11

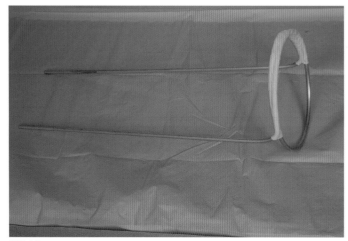

图5.12

● 用5厘米宽的胶带缠绕环形的上半部，使该处为铝条厚度的2倍（图5.10）。

● 在环形中点处将由环形延伸出的直铝条弯曲，与环形成直角（图5.11），形成吊带的基本形状（图5.12）。

● 根据犬的解剖形态，将环形底部1/2向后或向前轻轻弯曲，这样吊带的这个位置可以与颈腹侧基部更好地贴合（图5.13）。

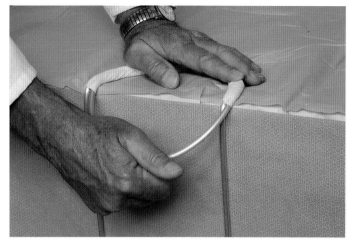

图5.13

● 围绕弯曲的环形底部1/2缠绕铸件垫（图5.14）。

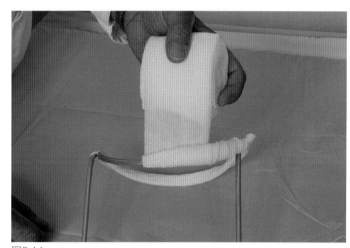

图5.14

● 在铸件垫外侧缠绕5厘米宽的胶布（图5.15）。

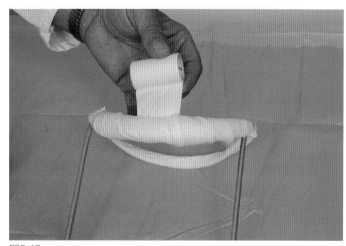

图5.15

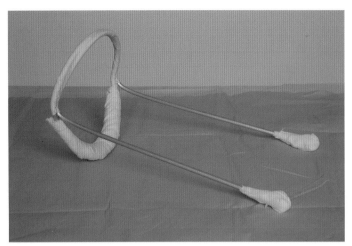

图5.16

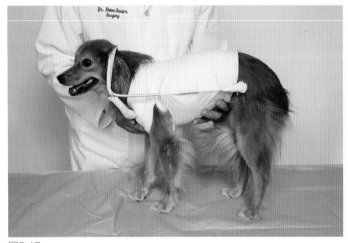

图5.17

- 用钢丝钳将延伸出的直铝条剪至能够达到大转子水平处。这些延长铝条的末端用铸件垫垫好并用胶带固定（图5.16）。

- 在犬身上做体包扎（见第3章第21页，胸部、腹部绷带包扎）。包扎好后在犬上放置支架，圆环位于颈基部，两边的延长铝条沿着犬的两侧。用5厘米宽的胶带环形缠绕两圈将这些延长的铝条固定。缠绕时第一圈紧贴前肢后方，另一圈紧贴后肢前方（图5.17）。

局部化学威慑物

用尝起来很苦的材料作为局部化学威慑物用在包扎、铸件、夹板或缝合线周围的完整皮肤上来阻止干扰。它们有液体、半液体形式及胶带形式（图5.18）。为了得到最佳效果，在用于包扎、铸件、夹板或皮肤前，先将少量材料置于或靠近犬的鼻子。这样可以让动物同时舔和闻到这个物品。然后将该物品放在包扎、铸件、夹板或完整皮肤上，然后动物会一直联想起这种苦味。笔者使用局部化学威慑时成功的次数有限。

电装置

其他用于防止动物舔或拆除包扎、铸件或夹板的方法是能够产生小型电流的电子产品。这种产品（StopLik，Rockway，Inc.）是一种背面具有黏性的小条，可以粘在包扎的外表面。小条内有一个小电池，露出的金属条串联并形成导体。当动物舔包扎时，它会经历一次小电击。这种条做成了不同大小，并且可以进一步修剪来适应不同包扎（图5.19）。

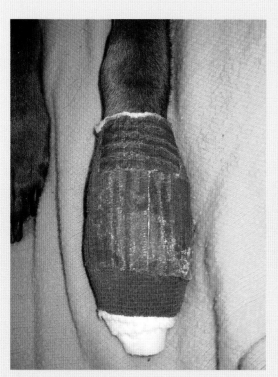

图5.18 包扎上浸泡了胡椒的胶带，用于防止干扰。

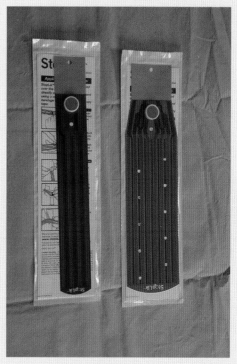

图5.19 电击条，可以放置在包扎、铸件或夹板上防止干扰。

参考文献

Anderson, Davina. 2009. Management of open wounds. In *BSAVA Manual of Canine and Feline Wound Management and Reconstruction*, 2nd ed., pp. 37–53. Quedgeley, Gloucester, England: British Small Animal Veterinary Association.

Campbell, Bonnie Grambow. 2006. Dressings, bandages, and splints for wound management in dogs and cats. *Veterinary Clinics of North America: Small Animal Practice*. 36(4):759–91. Philadelphia: Saunders/Elsevier.

DeCamp, Charles E. 2003. External coaptation. In *Textbook of Small Animal Surgery*, 3rd ed., pp. 1835–48. Philadelphia: Saunders/Elsevier.

Hedlund, Cheryl S. 2007. Surgery of the integumentary system. In *Small Animal Surgery*, 3rd ed., pp. 159–259. St. Louis: Mosby/Elsevier.

Miller, Craig W. 2003. Bandages and drains. In *Textbook of Small Animal Surgery*, 3rd ed., pp. 244–49. Philadelphia: Saunders/Elsevier.

Pavletic, Michael M. 1999. *Atlas of Small Animal Reconstructive Surgery*, 2nd ed., pp. 107–122. Philadelphia: Saunders.

Scardino, M. Stacie, and Swaim, Steven F. 1997. Bandaging and drainage techniques. In *Current Techniques in Small Animal Surgery*, 4th ed., pp. 27–34. Baltimore: Williams and Wilkins.

Swaim, Steven F., Vaughn, Dana M., Spalding, Patrick R., et al. 1992. Evaluation of the dermal effects of cast padding in coaptation casts on dogs. *American Journal of Veterinary Research* 53(7):1266–72.

Swaim, Steven F., and Henderson, Ralph A. 1997. *Small Animal Wound Management*, 2nd ed., pp. 53–85. Baltimore: Williams and Wilkins.

Swaim, Steven F. 2000. Bandaging and splinting techniques. In *Handbook of Veterinary Procedures and Emergency Treatment*, 7th ed., pp. 549–71. Philadelphia: Saunders.

Swaim, Steven F., Marghitu, Daniel B., Rumph, Paul F., et al. 2003. Effects of bandage configuration on paw pad pressure in dogs: A preliminary study. *Journal of the American Animal Hospital Association*. 39:209–216.

Swaim, Steven F., and Bohling, Mark W. 2005. Bandaging and splinting canine elbow wounds. *NAVC Clinician's Brief*. November: 73–76.

Swaim, Steven, Welch, Janet, and Gillette, Rob. In press. *Small Animal Distal Limb Injuries*. Jackson, WY: Teton NewMedia.

Williams, John, and Moores, Allison. 2009. *BSAVA Manual of Canine and Feline Wound Management and Reconstruction*, 2nd ed., pp. 37–53. Quedgeley, Gloucester, England: British Small Animal Veterinary Association.